Barbie™

Inspiration, Geschichte und Vermächtnis

Barbie™

Inspiration, Geschichte und Vermächtnis

Ravensburger

5 4 3 2 1

MIX
Papier | Fördert gute Waldnutzung
FSC® C008047

Titel der Originalausgabe:
Barbie – Her Inspiration, History, and Legacy

Rechte der Originalausgabe:

Erstmals erschienen 2019 bei Epic Ink, einem Imprint von The Quarto Group, 1120 NE 33rd Place, Suite 201, Bellevue, Washington 98004.

Cover-Design: Laura Drew
Layout: Megan Sugiyama Text:
Robin Gerber

ISBN 978-3-473-49847-5

Ravensburger.com/service

Printed in China

INHALT

VORWORT

Obwohl ich Ruth Handlers Biografie *Barbie and Ruth* geschrieben habe, hätte ich mich nicht als „Barbie-Expertin" bezeichnet. Was mich an Barbie am meisten interessierte, war ihre Schöpferin: eine geniale Unternehmerin, Wegbereiterin und Mitbegründerin der größten Spielwarenfirma der Welt: Mattel. Ruths Grundgedanke faszinierte mich: Kleine Mädchen lieben es, so zu tun, als wären sie schon groß. Dieses Buch bot mir die Gelegenheit, einige jener Fragen zu beantworten, die mir durch den Kopf gingen, seit ich Ruths Biografie verfasst hatte: Wie konnte Barbie so lange überdauern? Und wie lange wird sie noch populär sein?

Meine Reise führte mich zu Mattels Hauptsitz im kalifornischen El Segundo, wo ich Barbies Schöpfern begegnete. An diesem Ort, der inzwischen die grenzenlose Fantasie von ganzen Heerscharen Kreativer widerspiegelt, erfuhr ich, wer Barbie heute ist.

Als ich mit den Mitarbeiterinnen und Mitarbeitern über Barbie sprach, dachte ich immer wieder: „Ruth würde sich so sehr freuen." Ihre Puppe wird genauso gestaltet und beworben, wie sie es sich vorgestellt hat: als etwas, mit dem ein Kind alles sein kann. Ruth wäre begeistert, dass Diversität und Inklusion eine wichtige Rolle spielen. Da Ruth und ihr Mann Elliot Handler Juden waren und selbst Antisemitismus erlebt hatten, setzten sie sich gegen jede Form von Diskriminierung ein. Ruth und Elliot erhielten für ihre integrative Personalpolitik sogar eine Auszeichnung der Menschenrechtsorganisation Urban League.

Ich hatte auch Gelegenheit, Fans zu interviewen, die ihre persönliche Kreativität über die Puppe ausleben. Zum Beispiel durfte ich einen Mann aus Singapur kennenlernen, der außergewöhnliche Barbie-Kleider aus Toilettenpapier herstellt, und eine junge Australierin, die mit ihren Barbie-Videos auf YouTube Erfolge feierte.

Ruth hätte nie gedacht, dass Barbie die Fantasie verschiedenster Menschen beflügeln würde. Ihre Genialität bestand darin, Kindheitsträume zu verstehen: Träume, die wir alle mit ins Erwachsenenalter nehmen und von denen wir hoffen, dass sie eines Tages wahr werden. Ich weiß nicht mehr, ob ich jemals gespielt habe, dass Barbie eine Schriftstellerin wäre, doch ich habe immer geglaubt, dass ich alles werden könnte. Vielleicht hatte Ruths Puppe etwas damit zu tun.

– Robin Gerber

GEGENÜBER: Sammlerpuppen zum 65. Jubiläum.

Kapitel 1

INSPIRATION SEIT 1959

Seit Jahrzehnten schon verwirklichen Mädchen im Spiel mit Barbie ihre Träume. Durch die Puppe können sie sich selbst als „Frauen der Tat" sehen, als Frauen, die in der Welt interessante Aufgaben übernehmen und unglaubliche Abenteuer erleben. Barbie ist eine Art Modell, mit dem sie ihren eigenen Vorstellungen vom Erwachsenwerden Ausdruck verleihen können.

Barbie entfacht Inspiration, weil ihre Schöpferin Ruth Handler selbst eine inspirierende Frau war. In *The Story of Barbie* (1994) stellte die Autorin Kitturah Westenhouser die Frage: „Ist die Puppe oder ihre Schöpferin Ruth Handler selbst die *wahre* Legende?"

Ursprünglich war Ruth keine Spielzeugdesignerin. Als sie und ihr Mann Elliot zusammen mit dem gemeinsamen Freund Harold Matson ein Unternehmen gründeten, leitete Ruth den Betrieb zunächst als Executive Vice President. Gegründet wurde Mattel im Januar 1945. Der Firmenname setzt sich aus Matsons Familien- und Elliots Vornamen zusammen. Ruth beklagte sich nicht darüber, bei der Namensgebung nicht berücksichtigt worden zu sein. Ihr genügte es, das junge Spielwarenunternehmen hinter den Kulissen zu leiten und seine Produkte zu vermarkten.

Täglich traf Ruth Hunderte von Entscheidungen, die zu Mattels Entwicklung beitrugen. Sie stellte Mitarbeiter ein, prüfte Produkte, bewilligte Gelder und kümmerte sich nebenbei um ihre Familie. Das Leben ließ ihr nur wenig Zeit, sich neue Erfindungen auszudenken. Als ihr „Barbie" in den Sinn kam, war Ruth sofort von der Idee überzeugt.

GEGENÜBER: Barbies Schöpferin Ruth Handler in den 1960er-Jahren. **NÄCHSTE DOPPELSEITE:** Mattel Creations wurde 1948 in Culver City in Kalifornien gegründet. Die Niederlassung wurde später an einen größeren Standort in Hawthorne, ebenfalls in Kalifornien, verlegt.

Mattel Creations

OBEN: Originalskizzen aus den 1950er-Jahren von Elliot Handler, der dafür bekannt war, seine Ideen auf Schmierpapier, Servietten, Notizzetteln und allem, was sich sonst noch dafür eignete, festzuhalten. Hier dargestellt sind Skizzen für die Spielzeuge „Dream Car" (oben), „Humpty Dumpty Rocker" (unten links) und „Hickory Dickory Clock" (unten rechts).

Zu diesem Zeitpunkt konnte sie allerdings noch nicht wissen, wie berühmt Barbie tatsächlich werden würde.

1945 endete der Zweite Weltkrieg. Der Lebensstandard in den USA verbesserte sich. Den Familien stand mehr Geld zur Verfügung – und mehr Freizeit, um es auszugeben.

Es war also der perfekte Zeitpunkt, ein Spielzeugunternehmen zu gründen.

Ihr Ehemann Elliot war Ruth ein fantastischer Partner. Sie hatten sich in Denver, Colorado, als Teenager kennengelernt und waren seither unzertrennlich.

Die Spielsachen, die Mattel auf den Markt brachte, entsprangen Elliots grenzenloser Fantasie und seinem gestalterischen Geschick. „Man muss einfach Trends erkennen können", erklärte Ruth 1957 in einem Interview. „Mein Mann verfügt über den sechsten Sinn. Er ist ein Mann der großen Ideen." Forschung und Design waren Elliots Sache, und seitdem Harold Matson das Unternehmen verlassen hatte, kümmerte sich Ruth um alles andere. Ihre Büros grenzten direkt aneinander. Es heißt, zwischen ihnen herrschte sowohl privat als auch beruflich „Magie".

Der erste große Erfolg für Mattel, „Uke-a-Doodle", war eine Miniatur-Ukulele, die 1947 auf den Markt kam. Elliot hatte sie nach dem Vorbild der vom beliebten Radio- und Fernsehstar Arthur Godfrey gespielten Ukulele gestaltet. 1949 fügte Elliot der Uke-a-Doodle ein Kästchen mit winzigen Drähten hinzu, die beim Drehen einer Kurbel gezupft wurden. So konnte das Instrument verschiedene kurze Melodien abspielen.

Im Laufe der folgenden Jahre wurde dieses Spielwerk in zahlreiche andere Spielzeuge eingebaut. Innerhalb von zwei Jahren brachten Musikspielzeuge der Firma Mattel beinahe neun Millionen Dollar ein.

LINKS: Ruth und Elliot Handler im Jahr 1941 mit ihrer damals fünfeinhalb Wochen alten Tochter Barbara. **RECHTS**: Eine Anzeige aus dem Katalog Mattel Creations von 1948 für die „Uke-a-Doodle Music Box": eine Ukulele in kindgerechter Größe und eine Musikbox, die beim Drehen der Kurbel beliebte Melodien abspielte.

Elliot hatte außerdem eine Leidenschaft für „Cowboykram“ und wollte auch Spielzeugpistolen anbieten. Mit den Musikspielzeugen hatte man vorgelegt, doch die Produkte rund um das Thema „Cowboys“ führten Mattel zu noch größerem Erfolg.

Auch Puppenmöbel gehörten zu Mattels Repertoire. Im Gegensatz zu denen anderer Anbieter hatten die Möbel von Mattel handpolierte Oberflächen und dekorative Bezugsstoffe. Das Unternehmen stellte also wunderschöne Möbel her, aber keine Puppen. Das sollte sich bald ändern.

Während des Krieges hatten Frauen alle erdenklichen Arbeiten übernommen, doch als die Soldaten nach Hause kamen, kümmerten sich viele Frauen wieder um Haushalt und Kindererziehung.

Kleine Mädchen bekamen Babypuppen, damit sie mit dem spielen konnten, was sie bei ihren Müttern sahen: Stoffwindeln, gläserne Babyflaschen und Wäschesets mit Zubehör.

Ruth erkannte etwas, das anderen Spielzeugherstellern entgangen war: Außer mit Babypuppen spielte ihre Tochter Barbara auch gern mit Papierpuppen. Mit diesen

OBEN: Ruth und Elliot Handler 1951 beim Vorführen einiger ihrer beliebten Spielzeuge. **UNTEN:** Eine Anzeige aus dem Katalog Mattel Creations von 1951 für das „Futurland Grand Piano“.

OBEN: Eine Aufnahme aus den 1960er-Jahren: Ruth Handler sieht ihrem Mann Elliot Handler, Gründer von Mattel, dabei zu, wie er einen Springteufel vorführt.

OBEN: Die Familie Handler in den 1960er-Jahren. Von links nach rechts: Sohn Kenneth, Elliot, Ruth und Tochter Barbara.

Anziehpuppen aus Papier oder Pappe konnten Mädchen beim Spielen in die Rollen von Erwachsenen oder Teenagern schlüpfen. Sie konnten ihre Fantasie in einer Weise ausleben, wie es mit Babypuppen nicht möglich war.

Barbara mochte besonders die bunte Papierpuppe Tillie the Toiler. Tillies Papiergarderobe umfasste verschiedene modische Outfits und es gab Papierpuppen von Hollywoodstars wie Elizabeth Taylor und Debbie Reynolds. Die Regale der Billigläden waren voll von Puppen im Look von Comicfiguren oder mit Brautausstattung.

Papierpuppen waren auf Pappe gedruckte Abbildungen von Frauen, die man „anziehen" konnte. Sie mussten vorsichtig aus der Pappe gedrückt werden. Als Zubehör gab es Seiten mit Kleidern zum Ausschneiden. Die Kleider waren mit kleinen Klappflügeln versehen, mit denen man sie an den Figuren befestigen konnte. Das funktionierte jedoch nicht allzu gut. Sie ließen sich selten ordentlich befestigen und, noch frustrierender, die Klappflügel rissen oft ab. Dennoch zogen Barbara und ihre Freundinnen die Papierpuppen den Babypuppen – etwa jenen von Madame Alexander, Posie oder auch Dollikin – vor. Madame-Alexander-Puppen hatten aufwendig hergestellte Kleider und waren eher Sammelobjekte als Puppen zum Spielen. Dollikin trug zuweilen eine Pelzstola und Perlenohrringe, sah aber dennoch kindlich aus.

Während sie ihrer Tochter beim Spielen mit ihren Freundinnen zusah, erkannte Ruth, dass die Papierpuppen eine unrealistische Mischung aus Babys und Teenagern darstellten. Sie merkte, dass die Mädchen nach einer Möglichkeit suchten, die Realität nachzuahmen, die sie in der Erwachsenenwelt beobachteten. Und sie fragte sich: *Wäre ihr Spiel nicht viel schöner, wenn diese Puppen plastisch wären und echte Kleidung am Körper einer Erwachsenen trügen?*

„Ich kam zu dem Schluss", erzählte Ruth der Zeitschrift *Good Housekeeping* 1967, „dass eine Puppe mit der Figur eines Teenagers und jeder Menge topmodischer Kleidung etwas radikal anderes wäre und die Mädchen von heute, die schneller erwachsen werden als in früheren Jahren, ansprechen würde." Sie war optimistisch, dass sich das Spielzeug gut verkaufen würde. „Die Idee dahinter war für mich, dass Mädchen durch diese Puppe alles sein könnten, was sie gern wären." Diese Idee stellte Ruth Elliot vor, der sie eigentlich immer unterstützte. Doch dieses Mal stieß sie auf Widerstand.

In einer Sache waren sich die zwanzig männlichen Techniker bei Mattel einig: Mütter würden ihren Töchtern niemals eine Puppe mit Busen kaufen. Die Männer wollten sich lieber weiterhin auf den herkömmlichen Spielzeugmarkt der Waffen und Raketen konzentrieren.

Waffen und Raketen waren Mitte der 1950er-Jahre so beliebt, dass Mattel das Risiko einging, sie im Fernsehen – einem für die Vermarktung von Spielwaren relativ neuen Medium – zu bewerben. Ruth sah eine Chance darin, die Werbung direkt an Kinder zu richten. Ihre Strategie zahlte sich aus, als die Werbespots für die „Burp Gun" in der neuen, erfolgreichen Fernsehshow *The Mickey Mouse Club* liefen.

OBEN: Ein Beispiel für die damals beliebten Papierpuppen: „Mopsy Modes" waren nach dem Comicstrip *Mopsy* gestaltet, erschaffen 1939 von der Comiczeichnerin und Modedesignerin Gladys Parker. Gladys' Interesse an Mode spiegelte sich in den Outfits, die sie für Papierpuppen entwickelte.

OBEN: Die High School Paper Dolls aus dem Jahr 1940, erstmals veröffentlicht von Merrill Publishing. Papierpuppen und ihre wechselnde modische Kleidung dienten bei der Erschaffung von Barbie als Inspiration.

Die Burp Gun („Rülpsgewehr"), die ihren Namen dem Geräusch verdankte, das ihre Zündplättchen erzeugten, war so beliebt, dass eine überwältigende Mehrheit in Mattels Team die Puppen als zu riskantes Nebenprodukt sahen. Ruth ließ sich von der Einstellung der Männer nicht ausbremsen – im Gegenteil: Sie war fest entschlossen, ihre Puppe auf den Markt zu bringen.

Es war nicht das erste Mal, dass man Ruth sagte, sie könne etwas nicht tun, was sie sich vorgenommen hatte. Ihre ältere Schwester Sarah hatte versucht, ihr die Hochzeit mit Elliot auszureden. Nach zwei Jahren hatte Sarah schließlich aufgegeben. Ruth war die Art Mensch, deren Entschlossenheit durch Widerstand zunimmt. Wie sie an der Hochzeit mit Elliot festgehalten hatte, hielt sie nun an ihrer Idee der Puppe fest und war überzeugt davon, sie zum Erfolg machen zu können.

Unterdessen hatte ein Mann namens Reinhard Beuthien in Deutschland gerade einen äußerst erfolgreichen Cartoon veröffentlicht. Beuthien arbeitete für die Boulevardzeitung *Bild*. Der Herausgeber hatte ihn gebeten, sich als Lückenfüller für eine gestrichene Spalte einen Cartoon auszudenken. Als ersten Versuch präsentierte Beuthien ein niedliches Baby. Als der Herausgeber damit nicht zufrieden war, setzte er das Gesicht des Kleinkindes auf den üppigen Körper einer jungen Frau und taufte sie „Lilli".

Die Reaktion auf Lilli war überwältigend. Sie war in ganz Deutschland ein Erfolg. Beuthien nutzte die Beliebtheit seiner Comicfigur und tat sich mit einem Spielzeugdesigner zusammen, um aus der Zeichnung eine Puppe werden zu lassen. Obwohl sie eigentlich für Erwachsene gedacht war, gab es Lilli bald auch in Spielzeugläden in unterschiedlichster Kleidung von Ski-Outfits bis zu Abendkleidern. Als Ruth Pläne für die erste Auslandsreise ihrer Familie schmiedete, ahnte sie noch nicht, dass sie Lilli begegnen würde.

Im Juli 1956 brach Ruth mit ihrer Familie zu einer Europareise auf. Es waren bereits mehrere Jahre vergangen, seit sie ihre Idee von der Puppe erstmals erwähnt hatte. Sie hatte sich sehr bemüht, den Spielzeugdesignern ihre Idee nahezubringen und ihnen ihre Vision einer erwachsenen Puppe mit geschmackvollem Make-up, Nagellack, frisier-

OBEN: Walt Disney (Mitte) mit Ruth und Elliot Handler sowie einigen Mitgliedern des Disney-Teams, um 1960.

barem Haar und hochwertiger realistischer Kleidung geduldig erklärt. Sie war sicher, dass Mattel in der Branche neue Wege beschreiten könnte.

Doch selbst falls sich die Puppe verkaufen sollte, die Techniker waren der Ansicht, dass der erforderliche Kunststoffguss nicht funktionieren konnte. Bis dato war nichts von dem, was Ruth beschrieb, je angefertigt worden, und es wäre sicher auch zu teuer in der Herstellung.

In einem Interview für das Buch *The Story of Barbie* erzählte Ruth, dass die Handlers im schweizerischen Luzern Station machten. Bei einem Schaufensterbummel entdeckten Ruth und Barbara Lilli. Sie zog Mutter und Tochter gleichermaßen in ihren Bann – wenn auch aus unterschiedlichen Gründen.

Während Barbara erstaunt darüber war, dass Lilli wie eine realistische Version ihrer erwachsenen Papierpuppen aussah, erkannte Ruth schlagartig, dass die Puppe, die sie sich erträumt hatte, *durchaus* angefertigt werden konnte – sogar mitsamt all den winzigen Details.

Ruth kaufte zwei Lilli-Puppen: eine für Barbara und eine für sich selbst. Sie wollte auch zusätzliche Kleidung kaufen,

OBEN: Ruth Handler hilft Elliot beim Zusammenbauen einer zweistufigen Rakete. Im Hintergrund ist eine Barbie Nr. 1 zu sehen.

doch für Lilli gab es kein Zubehör. Wenn man ein neues Outfit wollte, musste man eine weitere Puppe kaufen. Ruth war überzeugt, dass Kinder, die eine Puppe kauften, auch Anziehsachen für sie wollten.

Zurück bei Mattel präsentierte Ruth die Puppe Jack Ryan, damals Leiter für Forschung und Entwicklung, und dem Produktionsleiter Seymour Adler. In Lilli hatte Ruth eine Puppe gefunden, die ihrer Idee sehr ähnlich war, und sie bat Jack, einen ersten Entwurf anzufertigen.

Kurze Zeit später reiste Jack Ryan nach Japan, um dort an Designs anderer Spielzeuge zu arbeiten, darunter von Elliot entworfene Puppenmöbel. Die geplanten Möbel waren für Puppen konzipiert, die fünf bis sieben Zentimeter kleiner waren als die etwa 28 cm große Puppe, die Ruth im Sinn hatte.

Ruth übergab die Lilli-Puppe an Jack, damit auch größere Möbel gebaut werden konnten. Mattel hatte gerade erst damit begonnen, in Japan zu produzieren. Ruth war klar: Um ihre Puppe marktfähig zu machen, brauchte sie die Einsparungen, die sie dort erzielen konnte. Sie beauftragte

OBEN: Mattel-Designer Jack Ryan vor einer ausgestellten „Fanner 50", etwa 1957.

OBEN: Cover des Herbstkatalogs von Mattel aus dem Jahr 1957 mit der „Fanner 50".

OBEN: Die deutsche Lilli-Puppe aus dem Jahr 1955 in einem blauen Kleid mit weißen Polka Dots.

Frank Nakamura damit, herauszufinden, wie man die Puppe herstellen könnte.

Obwohl er die Landessprache beherrschte, hatte Frank Schwierigkeiten, den japanischen Produzenten alle Feinheiten der Puppe zu vermitteln. Die ersten Prototypen hatten andere Gesichter als die von Ruth gewünschten und ihre Brüste sahen viel zu realistisch aus. Die Prototypen wurden an die Mattel-Zentrale geschickt und einige der verworfenen Exemplare landeten in Schreibtischschubladen.

Die Techniker tüftelten an einer Gussform, in der das geschmolzene Vinyl in jede Ritze gelangen konnte. War die Form nicht perfekt, hatte die fertige Puppe keine Nase, seltsame Blasen am Körper oder brüchige Finger.

Auch ein Ständer für die Puppe erwies sich als problematisch. Die ersten Puppen hatten Löcher in den Fußsohlen, die auf die Metallzinken eines Ständers passten. Saßen sie nicht absolut präzise, fiel die Puppe um. Drückte man die Puppe hingegen zu fest auf den Ständer, brach das Bein

OBEN: Designer bei der Arbeit im Mattel-Stammsitz, Aufnahme aus den 1960er-Jahren.

ab. Der erste Ständer wurde zugunsten eines Drahtgitterständers verworfen und später durch ein weiteres Modell ersetzt, das die Puppe unter den Armen hielt. All diese Tests beeinflussten die Preisfindung. Ruth wollte den Preis niedrig halten, denn ihr war bewusst, dass sie eine winzige Modepuppe verkaufte, deren Kleidung und Accessoires finanziell am meisten einbringen würden.

Also begab sie sich auf die Suche nach den besten Modedesignern in Los Angeles. Sie wollte jemanden finden, der sich für Farben, Muster und Materialien begeisterte. Ruth – stets ambitionierte Ziele vor Augen – dachte an realistische Kleidung mit Druckknöpfen, Knöpfen, Gürteln und Reißverschlüssen. Die Mädchen sollten das Gefühl haben, einen winzigen Menschen anzuziehen, eine Miniaturversion ihres künftigen Selbst. Ein kleines Täschchen, ein perlenbesetzter Haarreif, Schuhe, Sonnenbrillen, Hüte mit angedeutetem Schleier – all das würde die Aufmerksamkeit der Kinder fesseln und sie zum Spielen animieren.

Schließlich traf Ruth bei einer Veranstaltung auf Charlotte Johnson, die Modedesign am berühmten Chouinard Art Institute in Los Angeles lehrte, an dem auch Walt Disneys Animatoren ausgebildet wurden.

Tagsüber unterrichtete Charlotte, doch abends kam Ruth vorbei, und sie tüftelten an Puppenkleidung. Die beiden entwickelten eine umfangreiche Garderobe für junge Frauen: von Ballroben und Hochzeitskleidern über Sportbekleidung bis hin zu Büro-Outfits. Da die von Ruth gewünschten Details äußerst arbeitsaufwendig waren, flog Charlotte nach Japan, um die Näharbeiten dort durchführen zu lassen. Schließlich lebte Charlotte zwei Jahre lang in Japan und entwarf 22 Outfits für Barbies erste Garderobe.

Charlotte beschäftigte sich eingehend mit der japanischen Bekleidungsbranche und bestellte hochwertige Spezialstoffe mit Mustern, die so klein waren, dass sie sich auch für die Miniaturkleidung eigneten. Sie überprüfte sogar die Fadenzahl der Stoffe, um sicherzugehen, dass diese den Bestellungen entsprach, und nahm eine Lupe mit in die Stofffabrik, um das Material zu prüfen.

Charlotte entwarf perfekte Nachbildungen von allem: von Dessous bis hin zu Abendkleidern. Für eine perfekte Passform arbeitete sie mit einem weichen Modell der

OBEN: Eine originale Lilli-Puppe von 1958 aus Deutschland, hier in ihrem Tennis-Outfit. Für ein Original in einwandfreiem Zustand sind Sammler bereit, Tausende Dollar zu zahlen.

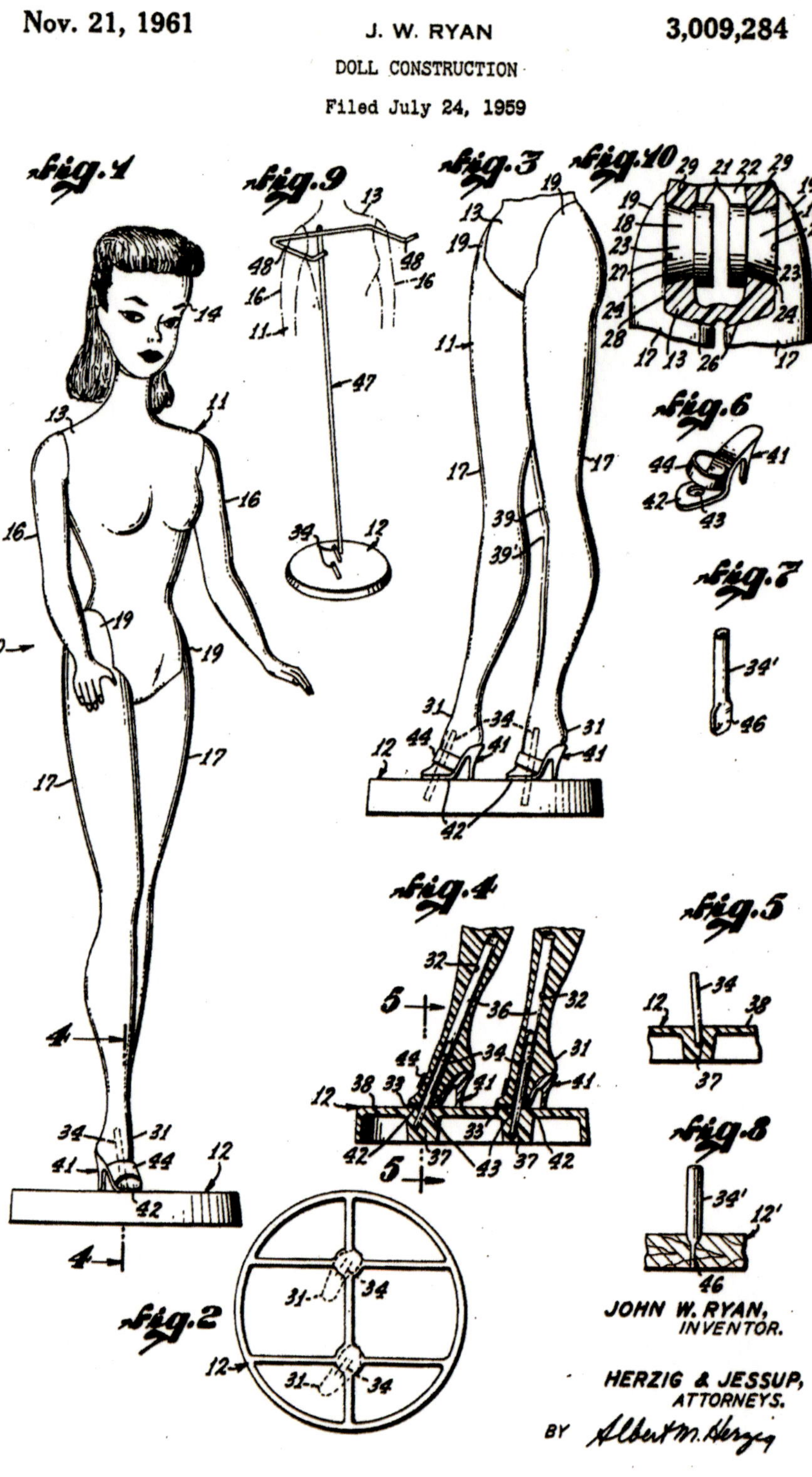

OBEN: Das offizielle US-amerikanische Patent für die „Doll Construction“ der Barbie wurde am 24. Juli 1959 von Mattel-Designer Jack W. Ryan angemeldet.

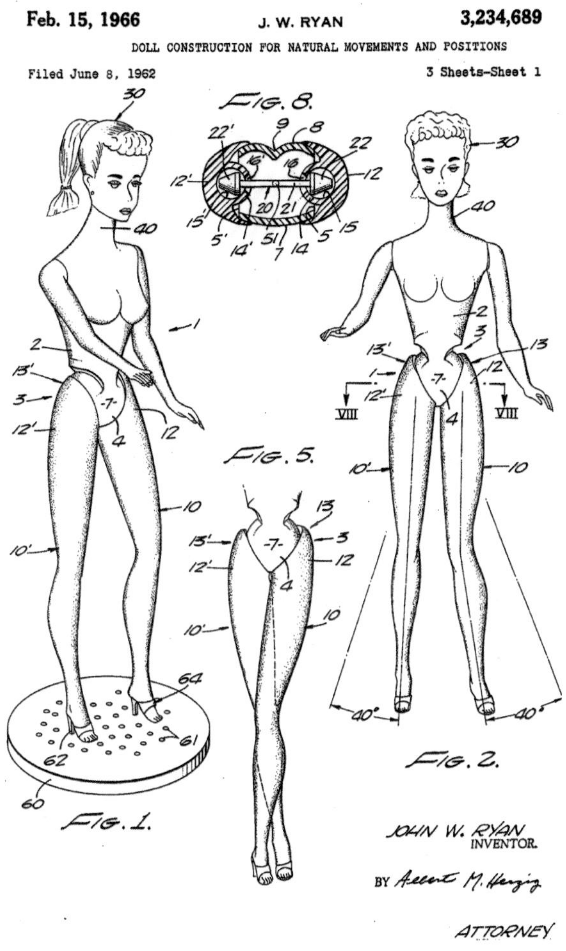

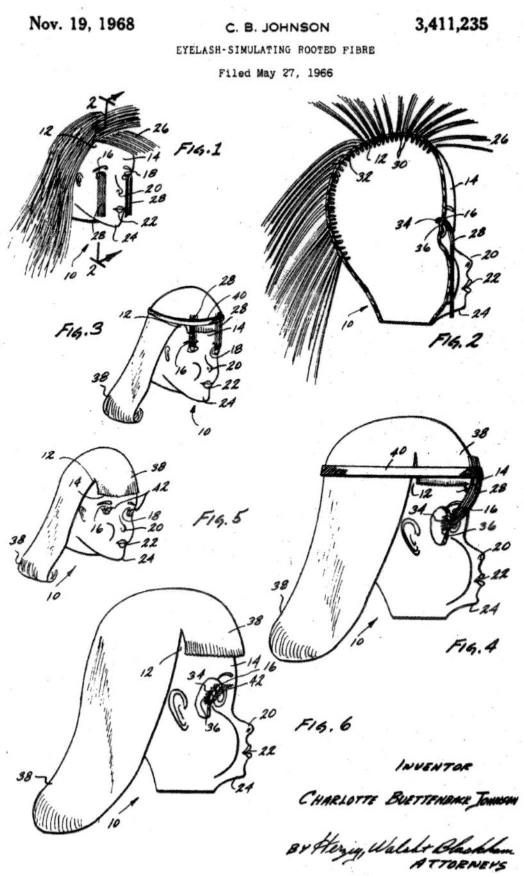

Puppe. Für das Schnittmuster verwendete sie Wachspapier, das sie mit Nadeln rund um den Puppenkörper passgenau absteckte. Charlotte setzte sich immer dafür ein, den Körper einheitlich zu halten, damit die Kleidung über viele Puppengenerationen hinweg passen würde. Außerdem bildete sie eine junge Designerin namens Fumiko Miyatsuka aus. Als Charlotte in die USA zurückkehrte, übernahm Fumiko die Verantwortung in Japan.

Auch am Aussehen der Puppe feilten Ruth und Charlotte gemeinsam. Ruth wollte, dass die jungen Mädchen Freude daran hatten, das Haar der Puppe zu kämmen. Deshalb wurden die einzelnen Strähnen nicht einfach auf die Kopfhaut geklebt, sondern im Kopf verankert. Die Puppe brauchte wohlgeformte, volle Lippen, sollte aber keinen Schmollmund haben. Ihre Augen sollten leicht zur Seite blicken unter bogenförmigen Augenbrauen. Der Körper hatte unrealistische Proportionen, doch Ruth war der Ansicht, die Form der Puppe würde ihre Kleidung hervorheben. Um die Mode noch stärker zur Geltung zu bringen, befand sich in jedem Fuß der Puppe ein Loch, um sie auf einen zweizackigen Ständer stellen zu können, auf dessen Oberfläche der Name *Barbie!* eingraviert war. Ruth fand den Namen perfekt, schließlich hatte ihre Tochter Barbara sie zu der Idee inspiriert. Als Barbie erst einmal ihren Namen hatte, nahm auch alles andere Gestalt an.

Und doch beschlichen Ruth Zweifel, als 1959 die New York Toy Fair anstand. Die Trend-Spielzeuge auf der Messe

OBEN: Die US-amerikanischen Originalpatente für Barbies „Doll Construction for Natural Movements and Positions" (dt.: „Puppenbauweise für natürliche Bewegungen und Positionen"), erfunden von John (Jack) Ryan und eingereicht am 8. Juni 1962 (links) sowie „Eyelash-Simulating Rooted Fibre" (dt.: „Wimpernsimulierende verankerte Fasern"), erfunden von Charlotte Johnson und angemeldet am 27. Mai 1968 (rechts).

OBEN: Ruth Handler und ein Vertriebsmitarbeiter von Mattel treffen sich 1959 in Chicago mit Führungskräften der Kaufhauskette Montgomery Ward. **UNTEN**: Eine Barbie von 1961 präsentiert sich im Wohnzimmer ihrer Traumvilla in einem roten Kleid. Die Traumvilla war mit einer Küche, einem Schlafzimmer, einer Terrasse sowie Einbaumöbeln ausgestattet. Sie ließ sich kompakt zusammenfalten und hatte einen praktischen Tragegriff.

waren – genau wie von Elliot vorhergesagt – Pistolen und Spielzeugraketen. Falls Einkäufer von der Barbie-Puppe wussten, sprachen sie meist mit der gleichen Skepsis darüber, die Ruth bei Mattel entgegengeschlagen war. Sie glaubten einfach nicht, dass Mütter ihren Töchtern eine Puppe mit Brüsten kaufen würden. Selbst Elliot war noch skeptisch. Ruth gingen Fragen durch den Kopf wie: *Was, wenn diese Leute recht hätten? Was, wenn die Mütter Barbie ablehnen würden?* Vielleicht war es nicht genug, die Puppe einfach zu präsentieren und darauf zu hoffen, dass die Leute sich für sie entscheiden würden.

Ruth erkannte, dass sie einen besonderen Marketingansatz brauchte, eine einzigartige Kampagne, die zu ihrer einzigartigen Puppe passte. Sie hörte von einem Mann, von dem sie sich Hilfe erhoffte. Er war jedoch so gefragt, dass sie kaum an ihn herankam. Sein Name war Ernest Dichter.

OBEN: Mattel veranstaltet einen Tag der offenen Tür am Standort „City of Industry", 1960er-Jahre. **NÄCHSTE DOPPELSEITE:** Mattels Modedesignerin Charlotte Johnson beim Zuschneiden von Stoff für einen neuen Entwurf.

PINS

Barbie
TEEN AGE FASHION MODEL Barbie
Barbie TEEN AGE FASHION MODEL
MATTEL INTERNATIONAL

Kapitel 2

BARBIE EROBERT DEN MARKT

Ruth hatte bereits drei Jahre in die Entwicklung von Barbie gesteckt, als die New York Toy Fair 1959 ihr Kopfzerbrechen zu bereiten begann. Sie hatte an eine spektakuläre Vorstellung der Puppe gedacht, doch je mehr nach und nach über das Produkt bekannt wurde, desto zahlreicher und lauter wurden die Skeptiker. Als sie den Körper der Puppe auf der Messe sahen, fanden die Zweifler all ihre Befürchtungen bestätigt: Barbie entpuppte sich als realistische Version einer erwachsenen Frau.

Die laute Kritik veranlasste Ruth dazu, ihre Marketingaktivitäten zu intensivieren. Im Mittelpunkt ihres Plans stand jener Mann, den Ruth für einen ebenso willensstarken Vorkämpfer wie sich selbst hielt. Er genoss weltweites Ansehen und seine Methoden wurden hoch gelobt, lösten jedoch auch heftige Debatten aus.

Erneut war Ruth bereit, ein Risiko einzugehen. Sie nahm Kontakt zu Dr. Ernest Dichter auf und bat ihn, für sie tätig zu werden.

Ernest hatte an der Universität Wien in Psychologie promoviert und war ein Anhänger Freuds, doch er wollte mehr als unterrichten. 1938 war Dichter vor den Nazis nach New York geflohen – mit 100 Dollar und der kühnen Idee, das Verbrauchermarketing mithilfe der Psychoanalyse zu revolutionieren.

Mitte der 1950er-Jahre gab es in den meisten amerikanischen Haushalten bereits einen Fernseher. Man sah regelmäßig mit der ganzen Familie fern. Das Bild war nur schwarz-weiß, dennoch begeisterte das Gerät die Menschen. Der Babyboom nach dem Zweiten Weltkrieg führte zu einer Vielzahl von Kinderprogrammen. Es gab

GEGENÜBER: Mattels Original-Barbie von 1959, gekleidet in ihren ikonischen schwarz-weißen Badeanzug und mit weißer Sonnenbrille, komplett mit Metallständer und Originalverpackung.

Sendungen wie *Sky King*, *The Howdy Doody Show*, *The Roy Rogers Show*, *Mr. Wizard*, *Romper Room* und *Captain Kangaroo*, die allesamt von nur vier Sendeanstalten ausgestrahlt wurden. Ruth hatte dafür gesorgt, dass Mattel bereits seit 1955 Werbung während einer der beliebtesten Kindersendungen ausstrahlte: *The Mickey Mouse Club*.

Die Fernsehwerbung für die „Burp Gun“ hatte das Spielzeug-Kaufverhalten amerikanischer Haushalte nachhaltig beeinflusst. Mit Spots, die Kinder direkt adressierten, hatte Mattel passionierte Konsumenten gewonnen. Plötzlich bettelten Kinder um Spielsachen, die ihre Eltern nicht einmal kannten. Das eröffnete Wege für die direktere Spielzeugvermarktung in Zeichentrickfilmen oder in Sendungen rund um bestimmte Spielzeuge.

Während Mattel einfach einem Instinkt folgte, fasste Ernest das Phänomen in Worte. Er rückte die Psychologie in den Fokus und bot Unternehmen seine Dienste mit der Argumentation an, dass man Produkte verkaufen könne, indem man an die unbewussten Gefühle der Konsumenten anknüpft.

OBEN: Ernest Dichter, amerikanischer Psychologe und Marketingexperte, spielte in Zusammenarbeit mit Mattels Marketingteam eine entscheidende Rolle für Barbies Markterfolg. **UNTEN**: Ernest Dichter beobachtet bei einem Rundgang durch einen Supermarkt in London am 6. Mai 1963 das Einkaufsverhalten von Kunden.

Mithilfe wissenschaftlicher Methoden analysierte er das Kaufverhalten seiner Probanden. Ernest brachte die Menschen auch in Diskussionsgruppen zusammen. Er bat potenzielle Kunden, sich in eine Schüssel Pudding oder ein Stück Seife „hineinzuversetzen“ und dann die Persönlichkeit, das Alter, das Geschlecht und andere Eigenschaften des Produktes zu beschreiben. Dabei machte er sich ausführliche Notizen. Die Sitzungen wurden als „Psycho-Foren“ bezeichnet. Es waren die ersten Fokusgruppen.

Ein großer Durchbruch gelang ihm während seiner Tätigkeit für Betty Crocker. Obwohl die Verbraucher angaben, dass sie sich Nahrungsmittel wünschten, die sich zu Hause leicht zubereiten ließen, kauften sie diese nicht. Am schlechtesten von all diesen Convenience-Produkten lief die Betty-Crocker-Backmischung.

Ernest versammelte eine Gruppe von Hausfrauen und Müttern, um sie zur Backmischung zu befragen. Ihm wurde klar, dass sie aufgrund der Einfachheit der Zubereitung ein schlechtes Gewissen hatten, obwohl sie ihre Verbraucher-

OBEN: Ruth Handler mit Mattels „Mousegetar“ Anfang der 1950er-Jahre bei einem Interview am Set des Fernsehsenders KTTV.

freundlichkeit schätzten. Sie wünschten sich, dass das Kuchenbacken einfach ist, hatten aber das Gefühl, nicht *genug* für ihre Familien zu tun, wenn sie einfach nur die Backmischung in eine Schüssel füllten und Wasser dazugaben. Ernest erkannte, dass die Frauen das Gefühl haben wollten, stärker mitzuwirken. Er erklärte den Führungskräften von Betty Crocker, sie sollten die Anweisungen auf der Verpackung so umschreiben lassen, dass der Mischung ein Ei zugegeben werden sollte, obwohl das eigentlich unnötig war. Ernests Idee machte Betty-Crocker-Backmischungen zu einem riesigen Erfolg.

Ruth war fasziniert von Marketing und Markenentwicklung. Ernests Fokusgruppen bestätigten ihre Intuition, was die Bedeutung von Rollenspielen betrifft. Sie hatte diese

OBEN: Ruth Handler steht neben einem Präsentationsstand der Barbie Boutique, in dem verschiedene Barbie-Produkte ausgestellt sind, etwa 1960.

Once again in 1960, Mattel made an outstanding impression. *Chatty Cathy*, the talking doll, stole the show. "She says eleven different things," was heard whenever two or more toy buyers exchanged information about what toys were "Hot." *Barbie* was spoken of as the most universally "sold out" doll in the country and the byword was to be sure and order enough dolls and costumes for 1960. In just two years, Mattel has become a leading factor in the doll field, accounting for more sales than many old time established doll manufacturers.

In musical toys, our Jacks, Ge-Tars and books are known as the top standards. . . . But this year there was an exciting newcomer, *Strum-Fun Getar*. Here again, buyers labelled the items "Hot."

Next to the government arsenal, ours is the largest in the country. All the guns – from the *Buckle Gun* to the *Winchester* and *Colt 6-Shooter Rifle* were branded as outstanding.

TOY SHOW

EACH year the Toy Fair "takes over" in New York City during the first week in March. Toy buyers from all over the United States and many foreign countries are invited to see the year's new toy lines. Competition for their attention is keen. The toy industry is unique in that few other industries attract so many ready-to-buy customers to one showcase event. Toy Show is a time for comparison, and to "get the feel" of a new toy. Here the buyers brand a new item as "Hot – A Good Standard – or a Stiff."

Before the Show, hours, days and weeks are spent by the Mattel home office group in pre-planning the "sell" for the year. Because of this pre-planning, we are the only toy company that can give each buyer an advance look at the advertising plan for the year. While the Sales Representative presents the line, he invites the buyer to see all the TV commercials that will be used during the coming year. Buyers are made aware of Mattel's half-hour show, "Matty's Funday Funnies" – which pre-sells 16,000,000 children every week, the year-round.

With the closing of the Fair, our Sales Representatives return to their individual territories – to begin the important function of holding jobber meetings. This year they are armed with a 30-minute filmed Mattel selling story featuring Clete Roberts, the noted news commentator, in a U.S. News and World Report production of "The Big News for 1960 – Mattel." Out of the planning and work come the orders which fill our production lines. Based on the results of the Toy Show, and the orders received since then, it looks like a very fine year ahead.

PAGE 8 TOYMAKER TOPICS

OBEN: Eine Anzeige aus dem Jahr 1960, die den Erfolg von Mattel mit vielen Spielzeugen – darunter Barbie – auf der New York Toy Fair zeigt.

Someday

The real world of little girls includes intimate friends like Alice and the Mad Hatter, Dr. Doolittle, Peter and Wendy, Pooh and Piglet, Dorothy and the Tin Woodman, The Little Prince, Beth and Jo and Amy and Meg.

A doll named Barbie© has become a part of this world. With her remarkable wardrobe of meticulously detailed fashions, she represents the glamour and delight of a grown-up world to millions of little girls. Their rich imagination makes Barbie very real, a portrait of themselves when they reach their teens. Barbie is someday.

Your child may see Mattel toys on one of our television programs. If she should ask for that toy, you can be confident of thoughtful originality and uncompromising quality. That quality is important to children . . . and to us. Because ours is a most rewarding business. We make children happy.

MATTEL, INC. TOYMAKERS®

OBEN: Mattels „Someday"-Werbung aus dem Jahr 1961 präsentiert eine brünette Barbie im Brautkleid.

Bedeutung im Spiel ihrer Tochter mit den Papierpuppen und auch bei anderen Kindern mit Mattel-Spielzeugen erkannt. Als Ruth ihn 1958 kontaktierte, hatte Ernest bereits Niederlassungen in aller Welt eröffnet und betreute Hunderte von Klienten.

Ernest unterschrieb bei Mattel. Er war neugierig. Noch nie hatte er an einer Kampagne für ein Spielzeug mitgewirkt – und dieses Spielzeug war definitiv ungewöhnlich.

Zunächst machte er sich daran, eine „Geschichte" für Barbie zu finden, die eine positive Resonanz hervorrufen und alle Bedenken hinsichtlich ihres Körpers ausräumen sollte. Ihm war bewusst, dass die 1950er-Jahre eine in sozialer Hinsicht konservative Zeit waren. Mit welcher Geschichte für Barbie ließe sich die Vorstellung überwinden, dass sie etwas darstellt, das außerhalb der kulturellen Erwartungen liegt?

Mithilfe der Fokusgruppen erkundete Ernest, was Mütter und Kinder über Barbie dachten. Während die Mütter fürchteten, Barbie könnte zu stark sexualisiert sein, sahen die Mädchen in ihr ein Ideal. Sie liebten ihren Glamour und die Möglichkeiten, die sie bot. Er fand es erstaunlich, dass die überwiegend negativen Reaktionen der Mütter besänftigt wurden, als sie die Kleidung der Puppe in Augenschein nahmen. Sie waren beeindruckt von deren Qualität und der großen Auswahl.

OBEN: „Barbies Sew-Free Fashion-Fun" (dt.: „Barbies Modespaß ohne Nähen") von Mattel bot Nachwuchsdesignerinnen alles, was sie brauchten, um schöne Puppenkleidung zu entwerfen, ohne einen einzigen Stich zu nähen; 1963.

MATTEL INC TOYMAKERS

OFFICIAL Barbie FAN CLUB
MEMBERSHIP CARD

CHAPTER # ______ MEMBERSHIP # 368601

NAME EILEEN M. SHOENFELD

ADDRESS ______

CITY BROOKLYN STATE N.Y.

This is to certify that the above-named Barbie Fan is a member in good standing of the national Barbie Fan Club and is entitled to all rights and privileges pertaining thereto.

© 1963 MATTEL, INC. PRINTED IN U. S. A.

Ernest wertete alle Antworten aus und erstellte einen Plan, wie sich die Kluft zwischen den verschiedenen Ansichten über Barbie überbrücken ließe: Die Puppe sollte ein jugendliches Model darstellen. So könnten Mädchen die Vorstellung von einer echten Erwachsenen mit beneidenswertem Job ausleben. Ein Model würde natürlich eine Vielzahl verschiedener Outfits tragen und Mütter könnten ihren Töchtern mithilfe der Puppe beibringen, wie man sich gut kleidet.

Ruth war von Ernests Idee begeistert. Sie selbst hatte immer Freude an schöner Kleidung und Make-up gehabt. Zu ihrer Vorstellung von Barbie gehörten von Anfang an

OBEN: Fünf Mitglieder des offiziellen Barbie-Fanclubs mit ihrer Sammlung. **UNTEN**: Jedes Mitglied erhielt eine offizielle Mitgliedskarte (Official Barbie Fan Club Membership Card) wie die hier abgebildete.

OBEN: Dieses Mattel-Familienposter aus den 1960ern zeigt Mitglieder der Barbie-Familie, darunter Stacey, Brad, PJ, Casey, Julia, Christie, Tutti, Francie, Skipper, Barbie und Ken.

OBEN: Mattels Hochzeits-Barbie kam 1960 auf den Markt, trug Brautkleid und Schleier und hielt einen Brautstrauß in der Hand.

Lippenstift, Nagellack und sorgfältig nachgezogene Augenbrauen. Barbies ursprünglich stark getuschte Wimpern und der auffällige Lippenstift entsprachen dem Schminkstil der damaligen Zeit.

Ernest arbeitete eng mit der Firma zusammen, die Ruths Fernsehwerbung erstellte. Gemeinsam kreierten sie eine Werbekampagne, die zu Barbies einzigartigen Eigenschaften passte.

Der erste Barbie-Werbespot im Fernsehen sollte im Frühjahr 1959 in *The Mickey Mouse Club* ausgestrahlt werden. Ernests Erkenntnisse wurden uneingeschränkt berücksichtigt.

Der Werbespot wurde mit dem modernsten Equipment der Branche gedreht. Haarstylisten standen bereit, um Nachbesserungen vorzunehmen – ganz so, als wäre die Puppe ein menschliches Model. Die Filmcrew sah sich mit einigen ungewöhnlichen Herausforderungen konfrontiert: Beispielsweise schmolzen die Köpfe der Puppen im heißen Scheinwerferlicht. Die Lösung: Sie wurden über Nacht eingefroren und bis zum Drehstart gekühlt.

Im Werbespot schwenkt die Kamera über die Puppen, während im Hintergrund sanfte Popmusik läuft. Eine Stimme singt dazu: „Barbie, du bist schön. Du gibst mir das Gefühl, dass meine Puppe wirklich echt ist. Barbie ist klein und so zierlich. Ihre Kleider sind so niedlich. Ihr Tanz-Outfit ist wirklich toll. Auf Partys wird sie alle verzaubern. Handtaschen, Hüte, Handschuhe und sämtliches Zubehör, das Mädels lieben."

Die erste Barbie-Puppe war entweder blond oder brünett und trug einen schwarz-weiß gestreiften Badeanzug, dazu schwarze Schuhe, eine weiße Sonnenbrille mit blauen Gläsern und goldene Kreolen. Der Badeanzug war aus Stretch-Material gefertigt, das stets perfekt saß.

Barbie wurde für 3,00 US-Dollar verkauft, ihre Outfits waren ab 1,50 Dollar erhältlich.

Sie war in eine lange, schmale Schachtel verpackt, perfekt auf sie zugeschnitten. In späteren Jahren wurde die Schachtel größer, sodass ganze Barbie-Sets mit Familie und Freunden sowie Kleidung und Accessoires hineinpass-

OBEN: Nahaufnahme der Original-Barbie von 1959. Der handgemalte dicke schwarze Lidstrich und die geschwungenen Augenbrauen sind Markenzeichen der Barbie Nr. 1 (links). Mattel produzierte kleine buchähnliche Kataloge wie diese Ausgabe von *Teen-Age Fashion Model* aus dem Jahr 1961 (rechts).

ten. Seit 2011 verwendet Mattel nachhaltige Verpackungen. Das Erscheinungsbild der Schachtel blieb jedoch nahezu unverändert.

Der Puppe lag eine kleine Broschüre bei, in der Outfits und Accessoires beworben wurden. Erhältlich waren Sets mit Bezeichnungen wie „Suburban Shopper", „Pendler-Set" oder auch „Barbie-Q", das Küchenutensilien enthielt. So bot jedes Set direkt nach dem Öffnen umfassende Spielmöglichkeiten.

Mattel unterhielt auf der New York Toy Fair 1959 mehrere Ausstellungsräume, doch Ruth verbrachte den Großteil ihrer Zeit im Barbie-Raum. Die Barbie-Puppen wurden in unterschiedlichen Outfits und mit verschiedenen Accessoires auf kleinen Bühnen oder Treppen aufgestellt, sodass der Eindruck entstand, sie wären gerade in Bewegung. Ruth sorgte dafür, dass jede Präsentation perfekt war. Jede Puppe passte genau auf ihren Ständer. Jeder Scheinwerfer setzte die Puppen optimal in Szene.

Mit über 7.000 Besuchern mehr als im Vorjahr war die Messe 1959 sehr gut besucht. In den Ausstellungsräumen wurde rege eingekauft. Unter den neuen Spielsachen befanden sich auch moderne Puppen aus Großbritannien mit echtem Schmuck, ein funktionstüchtiger Limonaden-Brunnen, ein Dr.-Seuss-Zoo und ein Plastikspielzeug für Kleinkinder für die Badewanne.

Obwohl es gegenüber 1958 keine Preiserhöhungen gab, bemerkten die Aussteller, dass mehr hochpreisige Artikel präsentiert wurden und der Trend hin zu Qualitätsware ging. Darüber hinaus wünschten sich die Käufer eine möglichst rasche Lieferung der Spielsachen, da die Lager-

OBEN: Von links: eine Vintage-Kollektion mit Picknick-Set (1959) mit Barbie in karierter Bluse, Jeans im Clam-Digger-Stil, Strohhut, Picknickkorb, weißen Strohschuhen mit Keilabsatz aus Kork und Angelausrüstung; Barbie-Q-Ensemble (1959) mit rosa Sommerkleid, weißen Schuhen, Kochmütze und Schürze mit Kochutensilien; Resort-Set mit roter Jacke, blau-weiß gestreiftem Hemd, weißen Shorts, weißem Hut und weißen Schuhen mit Kork-Keilabsatz aus Vinyl.

bestände im Einzelhandel niedrig waren. Beste Voraussetzungen also für Mattel.

Dann kamen die ersten Einkäufer, um Barbie zu sehen. Ruth hatte mit einer starken Nachfrage gerechnet und ihre Lieferanten angewiesen, die Produktion von Puppen und Kleidung zu verdoppeln. Doch die anfängliche Begeisterung der Einkäufer verflog rasch. Drei Viertel von ihnen verließen den Ausstellungsraum, ohne eine Bestellung aufzugeben. Genau wie von Elliot vorhergesagt, waren die Spielzeughändler skeptisch, ob Mütter die Barbie-Puppe als Kinderspielzeug akzeptieren würden.

Zum Ende der dreitägigen Spielwarenmesse deckten die Bestellungen nicht annähernd die produzierte Menge. Ruth sah sich mit gewaltigen Lagerbeständen und – schlimmer noch – mit dem Scheitern ihres Traumprojektes konfrontiert. Elliot fand sie weinend im Hotelzimmer. Ruth fühlte sich wie eine Versagerin.

Auch in den Monaten nach der Spielwarenmesse sah Barbies Zukunft nicht eben rosig aus. Sie verkaufte sich nur schleppend. Die Lagerbestände wuchsen und wuchsen. Die Puppe schien bei ihrer Zielgruppe nicht gut anzukommen, obwohl Mattel den beispiellosen Schritt unternommen hatte, Verkaufsaufsteller von Barbie in unterschiedlichen Outfits in den Geschäften zu platzieren. Ruth musste die Produktionsaufträge immer weiter drosseln und hoffte inständig, nicht auf einem Berg von Puppen sitzenzubleiben.

Doch ihre Ängste und Sorgen erwiesen sich als unbegründet. Die eingängigen Werbespots liefen den ganzen Frühling über im Fernsehen. Pünktlich zu den Schulferien verkauften sich die Barbie-Puppen wie warme Semmeln. Die Nachfrage überstieg

OBEN: Von links: eine Vintage-Kollektion mit der Suburban-Shopper-Barbie (1959) im blau-weißen Sommerkleid, mit Strohhut, weißen Pumps und Strohtasche mit Obst; Roman-Holiday-Barbie (1959) mit rot-weiß gestreifter Bluse und passendem Mantel, rotem Strohhut, weißen Handschuhen und schwarzen Pumps; Pendler-Set-Barbie (1959) im blauen Kostüm mit weißer Bluse, rotem Blumenhut, weißen Handschuhen, Kristallkette, blauen Pumps und Hutschachtel.

OBEN: Mattel-Werbung aus dem Jahr 1966 für Modepuppen-Koffer – einer mit Barbie und ein weiterer für die Neuzugänge der Barbie-Reihe, Skipper und Skooter. Beide enthalten jeweils eine Puppe, Bügel und bieten Platz für Kleidung.

das Angebot. Mädchen wollten mehr als nur eine Barbie haben, sie brauchten also auch mehr Kleidung für ihre Puppen.

Nachdem Mädchen jahrelang mit pummeligen Babypuppen oder zerbrechlichen Sammlerpuppen – teils aus Porzellan und in empfindlicher Kleidung – gespielt hatten, kam nun die robuste Barbie. Sie konnte selbst von kleinen Mädchen mit einer Hand gehalten werden. Ihre Kleidung ließ sich leicht an- und ausziehen und der Wert bestand nicht nur darin, sich Barbie als echte Frau vorzustellen, die verschiedenen Tätigkeiten nachging, auch das Blättern durch ihren Kleiderkatalog war Teil des Spiels.

Die erste echte „Modepuppe" war geboren. Mädchen betrachteten Puppen nicht mehr als ihre Babys, sondern

OBEN: Eine Hostess inspiziert die Barbie-Ausstellung auf einer Spielwarenmesse in Paris, 4. Februar 1967. **UNTEN:** Puppenkoffer für Skipper und Skooter, 1965, von innen mit Skooter und Accessoires.

als Verkörperung ihrer selbst. Die Zweifler hatten gefragt: „Kann man Kindern den Körper einer Frau als Spielzeug geben?" Ruth hatte daran geglaubt – und sie behielt recht.

Am Jahresende waren 351.000 Puppen verkauft worden. Eine globale Ikone hatte das Licht der Welt erblickt. Ruth war begeistert, wenn sie im Flugzeug oder beim Einkaufen ein Kind mit einer Barbie sah.

Sie nahm an, dass sich Barbie etwa drei Jahre lang verkaufen würde und sich dann das Interesse an ihr – wie bei den meisten Spielzeugen – verlieren würde. Doch Ruths Schöpfung übertraf ihre kühnsten Träume. 1965 hatte Barbie bereits einen Fanclub mit mehr als 65.000 Mitgliedern. 1968 war Ruth Millionärin, „Woman of the Year" und als „Mutter" der Barbie bekannt.

Bis 1970 hatten Barbie und die zugehörigen Produkte mehr als 600 Millionen Dollar an Einnahmen gebracht. Dieses Wachstum machte Mattel zu einem weltweit tätigen Unternehmen. Ruth kümmerte sich um Niederlassungen in Kanada, Mittel- und Südamerika, Westeuropa, Asien und Australien. Die Firma hatte über 465.000 Quadratmeter an Büro-, Forschungs-, Produktions- und Lagerflächen sowie 20.000 Beschäftigte.

OBEN: Ein junges Mädchen namens Debbie war das 500.000. Mitglied des offiziellen Barbie-Fanclubs.

OBEN: Tracy Blanchette gewann 1965 das Gewinnspiel von Mattel, indem sie das millionste Mitglied des offiziellen Barbie-Fanclubs wurde.

Barbie und all ihre Freunde, Familienmitglieder, Kleidungsstücke und Zubehörteile wurden auch zu begehrten Sammelobjekten. Sie fand weltweit Hunderttausende leidenschaftliche Fans.

Im Jahr 2018 wurde einem von ihnen auf der National Barbie Doll Collector Convention eine besondere Ehre zuteil: Bradley Justice wurde für seine Arbeit beim *Doll News Magazine* und die Erhaltung der Barbie-Sammlung bei der United Federation of Doll Clubs zum „besten Freund Barbies" ernannt.

Bradleys Liebe zu Barbie entbrannte, als er fünf Jahre alt war: Am Anfang stand eine populäre Version der Puppe, die im selben Jahr das Licht der Welt erblickte. „Ich bin Barbie 1975 zum ersten Mal begegnet", so Bradley. „Ich verbrachte den Sommer bei der Familie meiner Mutter im Osten von North Carolina und meine Cousine Caroline hatte gerade eine Sweet-16-Barbie bekommen. Sie besaß einen ganzen Koffer voller Barbie- und Ken-Puppen, und wir spielten gemeinsam damit. Ich war hin und weg von Sweet 16 und dachte, sie sei das Schönste, was ich je gesehen hatte."

Er sparte sein Taschengeld von fünf Dollar pro Woche, um Barbie-Puppen, Kleidung und Zubehör zu kaufen. Bradley verbrachte Stunden damit, sich Geschichten auszudenken, in denen alle seine Puppen vorkamen. „Ich hatte schon immer diese unglaubliche Vorstellungskraft und war frustriert, wenn Freunde nicht wussten, wie man Scheinwelten spielerisch auslebt. Das haben Kinder bereits im ersten Barbie-Werbespot gelernt – dass man mit Barbie in Fantasiewelten spielen kann. Und sie haben das angenommen."

Im Alter von elf Jahren sah Bradley im Fernsehen eine Sendung mit Sybil DeWein, die ein Buch über das Sammeln von Barbie-Puppen geschrieben hatte: *The Collectors Encyclopedia of Barbie Dolls and Collectibles*. DeWein erwähnte, dass die erste Barbie inzwischen Hunderte Dollar wert war.

Danach verbrachte Bradley seine Wochenenden auf Flohmärkten und hielt Ausschau nach preisgünstigen Barbies und Zubehör. Er kaufte etwas für fünf Dollar, das hundertmal so viel wert war. Das war ein lukrativer „Job" für einen Heranwachsenden.

Während seiner Teenagerzeit ging Bradley seiner Sammelleidenschaft nach. Als das College anstand, besaß

OBEN: Die originale Barbie Nr. 1 von 1959 im trägerlosen Badeanzug mit schwarz-weißen Streifen und den schwarzen, vorn offenen Pumps ist eine der begehrtesten Puppen der Barbie-Kollektion.

er genügend Exemplare in zwei- und dreifacher Ausführung, um sich Essen, Bücher und andere Ausgaben vom Verkauf zu finanzieren. Sein Studium beendete er mit einem Abschluss in Merchandising und Marketing.

Laut Bradley musste man sich für das Aufspüren bestimmter Barbies in der Anfangszeit in einem regelrechten Untergrundnetzwerk zurechtfinden. Viele Händler sahen Barbies nicht als Sammlerstücke, doch dann wurde „die Liste" erstellt. Damals, als es das Internet noch nicht gab, schickte man dem Händler einen an sich selbst adressierten und frankierten Rückumschlag, dem eine Liste dessen beilag, was man hatte und was man suchte. Bradley brauchte fünf Jahre, um das „Gold N' Glamour"-Outfit von 1965 mit seinen sehr detailreich gearbeiteten Einzelteilen (Pelzmütze, lange Handschuhe und Pumps) zu bekommen.

In einem Secondhandladen fand Bradley eine Barbie Nr. 3 für einen Dollar. Sie war in tadellosem Zustand, genau jene Art Fund, die einen Sammler wirklich glücklich macht. Über die Jahre wurde Bradley klar, dass er ein Sammler vom Typ „Kaufen und Verkaufen" war: Er spürte Puppen auf, war aber auch bereit, sie wieder abzugeben.

Doch was ist an den Erstausgaben der Barbie so faszinierend? Bradley erklärt, dass sie „Mode im Miniaturformat" verkörpern. Alles an ihnen war neuartig. „Für Barbie gab es vorher nichts, alles musste für sie geschaffen werden. Die Menschen waren fasziniert davon, dass sie so klein war, ihre Kleidung jedoch so glamourös und detailreich. Man wollte alles von Barbie haben, und deshalb war sie dazu bestimmt, eine Sammlerkultur zu begründen."

Bradley erforscht weiterhin unermüdlich die Geschichte der Barbie, wobei er sich vor allem Charlotte Johnson, Barbies erster Modedesignerin, widmet.

Seine Beziehung zu Barbie fasst Bradley wie folgt zusammen: „Sie ist grandios, kulturell, ikonisch und Generationen haben mit ihr gespielt, darunter Großmütter, Mütter, Töchter und auch Söhne. Jede Generation hat einen etwas anderen Zugang zu Barbie und jedes Spielmuster ist ein wenig anders, denn das Leben der Kinder ändert sich im Laufe der Zeit. Doch Barbie wird immer da sein."

OBEN: Barbie im gelben Outfit „Süße Träume" von 1959. **NÄCHSTE DOPPELSEITE:** Die millionste Barbie-Puppe kommt 1965 nach Deutschland.

1 MILLION

Kapitel 3

GRENZEN ÜBERWINDEN

Barbie begann als jugendliches Model. Doch seit ihrem ersten Job hat sie es weit gebracht – und es liegt noch viel vor ihr. Die „Karrieren" der Barbie-Puppen spiegeln nicht nur die große Bandbreite weiblicher Rollen in der Welt wider, sondern auch die Ambitionen der Frauen. Barbie hat die ersten Erwartungen, wie Kinder mit ihr spielen würden, übertroffen.

1963 schrieb *The Saturday Evening Post*: „Mattel hat den Beweis erbracht, dass Mädchen zwischen 9 und 13 Jahren Puppen nicht nur bemuttern möchten, sondern mit ihnen auch Pizza-Partys, Football-Wochenenden und den Abschlussball proben."

Doch diese Sicht auf die Träume und Vorstellungen von Mädchen erwies sich als zu eng gefasst. Bereits in den 1960er-Jahren schrieben Mädchen an Mattel und fragten beispielsweise: „Warum hat Barbie kein Outfit zum Fallschirmspringen?" Ruth las die Zuschriften und Mattel reagierte. Ihre ersten Schritte mochte Barbie auf dem Laufsteg gemacht haben, aber 1965 war sie bereits Moderedakteurin, Sängerin, Führungskraft und Lehrerin.

Noch bevor mit Sally Ride die erste Amerikanerin ins All flog, wurde Barbie zur Astronautin. Barbie Astronautin flog auch auf den imaginären Mond – und zwar vier Jahre bevor der Amerikaner Neil Armstrong bei seinem Spaziergang auf dem Erdtrabanten die legendären Worte sprach: „Ein kleiner Schritt für einen Menschen, aber ein gewaltiger Sprung für die Menschheit."

Kurz nach den Olympischen Spielen von München 1972 gewann Barbie eine olympische Goldmedaille. Sie wurde Chirurgin, als der Anteil weiblicher Ärzte in den USA noch bei etwa fünf Prozent lag.

GEGENÜBER: Ein junges französisches Mädchen posiert 1965 mit ihren neuen Weihnachtsgeschenken: Barbie Astronautin und Ken Astronaut, bereit für ihre Reise ins All.

In den 1980er-Jahren ließen sich immer mehr Frauen zur Tierärztin ausbilden. Also ergriff auch Barbie diesen Beruf. Und dank der wachsenden Popularität von Musikvideos wurden Barbie-Puppen zu Rockstars.

Die 1990er wurden für Barbie zu einem Jahrzehnt des Durchbruchs. 1992 wählten die Amerikaner mehr Frauen in den Kongress als je zuvor. Es war das „Jahr der Frau" und Barbie hielt mit der gesellschaftlichen Entwicklung Schritt, indem sie eine Reihe von Berufen ergriff, die traditionell Männern vorbehalten waren. Barbie war Marine-Admiralin, Geschäftsführerin und Präsidentschaftskandidatin. Bis dahin hatte noch nie eine Frau bei den Präsidentschaftswahlen kandidiert. 1993 wurde sie Sanitätsoffizierin und Polizistin. Zwei Jahre später war sie Feuerwehrfrau – obwohl zu diesem Zeitpunkt nicht einmal zwei Prozent der Feuerwehrleute in den Vereinigten Staaten weiblich waren. Noch vor Ende des Jahrzehnts wurde Barbie Zahnärztin und Pilotin. 1998 landete sie als Spielerin in der Major Baseball League einen Homerun. Barbie war ihrer Zeit stets voraus!

2004 kandidierte sie erneut als Präsidentin. In den 2000ern kümmerte sich Barbie als Fachärztin um Babys, tanzte als Ballerina und trainierte ein Fußballteam.

Immer wieder betrat Barbie Neuland – als Architektin, Rennfahrerin oder Programmiererin. In einem dritten

OBEN: Von links nach rechts: Eine Auswahl aus Barbies zahlreichen Karrierepuppen, etwa Barbie Astronautin (1965) im silbernen Raumanzug mit weißem Helm und braunen Stiefeln; Barbie Chirurgin (1973) im hellblauen OP-Kittel mit Maske, Kappe, Stethoskop und Handtuch; und Rockstar-Barbie (1986), in knallpinker Jacke mit passenden Leggings, rosa-silberfarbenem Kleid, weißen Stiefeln und mit Mikrofon.

Wahlkampf kandidierte Barbie 2012 für das Präsidentschaftsamt.

Natürlich war den Mädchen von Anfang an klar, dass Barbie alles sein konnte, was sie sich vorstellten. In einer der ersten Fokusgruppen erklärte eine Achtjährige: „Ich könnte spielen, dass sie zum Abendessen ausgeht oder im Sommer auf Reisen und danach aufs College geht und dass die Jahre vergehen und sie heiratet. Ich könnte auch spielen, dass sie in die Bibliothek geht, und ich bin die Bibliothekarin, die ihr alles zeigt."

Diese Reaktionen von Kindern auf Barbie haben die Entwicklung der Marke über die Jahrzehnte hinweg beeinflusst. Inzwischen helfen groß angelegte Umfragen Mattel zu verstehen, was die Kunden über ein neues Spielzeug denken. Für die Entwicklung neuer, inspirierender Barbie-Puppen wurden beispielsweise 80.000 Mütter rund um die Welt gefragt, was sie sich von einer Puppe wünschten und was ihre Sorgen im Hinblick auf ihre Töchter wären. Ganze 86 Prozent machten sich Gedanken über die Vorbilder, die ihre Töchter in ihrem Umfeld vorfanden.

Als Reaktion auf dieses Ergebnis entwickelten die Barbie-Designer im Jahr 2015 eine außergewöhnliche Gruppe von Shero-Barbie-Puppen, darunter auch die bekannte Regisseurin Ava DuVernay und die olympische

OBEN: Von links: Barbie Sanitätsoffizierin (1993) ganz in Tarnkleidung, mit rotem Barett und zwei grünen Militärtaschen; Barbie Präsidentin (2004) trägt einen roten Hosenanzug, einen Schal und eine schwarze Tasche; und Barbie Architektin (2011) im blauen Kleid mit Farbverlauf und pinkfarbenem Besatz, schwarzer Jacke, mit schwarzen Stiefeln, Brille und weißem Schutzhelm, eine Dokumentenrolle für Entwürfe haltend.

OBEN: Die Zendaya-Barbie (2015) wurde geschaffen nach dem Vorbild von Zendaya Coleman, ihres Zeichens Sängerin, Schauspielerin, Tänzerin und Model. Michelle Chidoni, damals Sprecherin von Mattel, sagte über Zendaya: „Sie lebt vor, wie man sich darauf fokussiert, für sich selbst, die eigene Kultur und das, woran man glaubt, einzustehen – und das ist für Mädchen enorm wichtig."

OBEN: Verschiedene Poster aus Mattels Barbie-Kampagne 1999.

Fechterin Ibtihaj Muhammad. 2018 erweiterte Mattel die Shero-Reihe um neue inspirierende Frauen – wie etwa die Schauspielerin, Sängerin und Tänzerin Zendaya Coleman –, die pünktlich zum Weltfrauentag am 8. März die Bühne betraten. Die neuen Barbie-Puppen waren die größte Ansammlung von Identifikationsfiguren in der Geschichte der Puppen. Mattel drückte es so aus: „Was man nicht sieht, kann man nicht sein."

Was also macht eine „Shero" (dt.: „Heldin") bzw. eine inspirierende Frau aus? Auf diese Frage gibt es viele Antworten, doch all die Frauen, die als Vorbild für eine Barbie ausgewählt wurden, zeichnen sich durch eine positive Einstellung, Leidenschaft für ihren Beruf, Courage und durch den Wunsch aus, anderen zu helfen. Es sind Frauen, die andere respektieren, die bereit sind, ihre Meinung zu sagen, Risiken einzugehen und die als Führungspersönlichkeiten zugewandt auftreten. Hier einige der inspirierenden Frauen und die Ausstattung der Puppen, die sie darstellen:

Patty Jenkins ist eine tatkräftige, preisgekrönte Filmregisseurin, die vor allem für den Blockbuster *Wonder Woman* von 2017 bekannt ist. Mattel gestaltete eine Barbie-Puppe samt Kamera nach ihrem Vorbild.

Chloe Kim ist eine amerikanische Snowboarderin. Bei den Olympischen Winterspielen 2018 war sie die jüngste Frau, die je eine Medaille in der Snowboard-Halfpipe der Damen gewann. Die nach ihrem Vorbild gestaltete Barbie-Puppe trug eine gelbe Jacke und Camouflage-Snowboardkleidung und wurde mit weißem Snowboard geliefert.

Bindi Irwin ist engagierte Naturschutz-Aktivistin und zugleich australischer Fernsehstar und Gewinnerin der dortigen Ausgabe von *Dancing with the Stars*. Mattel kreierte eine Bindi-Irwin-Puppe in Khakihosen, die mit einem niedlichen Koala geliefert wurde.

Nicola Adams ist britische Box-Weltmeisterin im Fliegengewicht. Nachdem sie zwei Goldmedaillen gewonnen hatte, wurde sie mit dem Order of the British Empire (OBE) geehrt – der zweithöchsten Auszeichnung, die ihr Land zu vergeben hat. Die nach Nicolas Vorbild gestaltete Puppe trug eine schwarz-weiße Trainingsjacke.

Den Wind bezwingt Çağla Kubat, preisgekrönte Windsur-

OBEN: „Become Your Own Hero"-Poster (dt. „Werde selbst zur Heldin") aus Mattels Barbie-Kampagne 1999, die Mädchen inspirieren und stärken sollte.

Barbie®

ferin und Seglerin aus der Türkei. Sie hat außerdem einen Abschluss in Maschinenbau und war auch als Model und Schauspielerin tätig. Ihre Puppe trug einen Neoprenanzug in Blau und Rosa.

Hélène Darroze ist Köchin in vierter Generation und liebt es, Menschen mit ihrem Essen zu erfreuen. Nachdem sie für ihre Restaurants die begehrten Michelin-Sterne erhalten hatte, wurde sie 2012 als „Chevalier" in die französische Ehrenlegion aufgenommen. Die nach ihrem Vorbild gestaltete Puppe trug eine weiße zweireihige Kochjacke.

Hui Ruoqi, Volleyball-Champion aus China, spielt seit der Grundschule und holte 2016 mit ihrem Team olympisches Gold. Sie nennt ein ganzes Regal voller Medaillen ihr Eigen: eine Silbermedaille von den Weltmeisterschaften 2014, eine Bronzemedaille von der Weltmeisterschaft in Japan 2011 und zwei Goldmedaillen von der Asienmeisterschaft. Ihre Puppe mit keckem Pferdeschwanz war mit einem weißen Tanktop und roten Shorts bekleidet und wurde mit einem blau-gelben Volleyball als Zubehör geliefert.

Leyla Piedayesh, eine im Iran geborene deutsche Modedesignerin und Unternehmerin, hat sich ihren Weg an die Spitze durch Stricken erkämpft. Ein Paar gestrickter Pulswärmer, das sie auf einem Flohmarkt fand, gab den Anstoß zu ihrer Karriere. Sie begann, ihre eigenen Kreationen zu stricken. Mittlerweile ist Leyla Eigentümerin des erfolgreichen Modelabels Lala Berlin.

Meisterin des langen Abschlags ist Lorena Ochoa, eine Profi-Golferin, die weltweite Aufmerksamkeit erregte. Bereits mit elf Jahren wusste sie, dass sie einmal die Beste sein wollte. Sie erreichte ihr Ziel und sicherte sich einen Platz in der World Golf Hall of Fame. 158 Wochen in Folge war sie die bestplatzierte Golferin und stand als erste mexikanische Golferin auf Platz eins der Weltrangliste.

Mit Martyna Wojciechowska, Chefredakteurin von *National Geographic* in Polen, gehen die Mädchen auf Reisen. Man kennt sie durch ihre Reiseberichte und weil sie die höchsten Berge auf allen sieben Kontinenten erklommen hat. Ihre Puppe trug schicke schwarze Hosen und ein schwarzes Oberteil, akzentuiert durch eine hellgrüne Jacke.

Auf Torjagd geht Sara Gama, eine italienische Fußball-

OBEN: Eine Shero-Barbie in Gestalt der Box-Weltmeisterin Nicola Adams, mit schwarz-weißen Shorts und Trainingsjacke mit Goldbesatz, weißen knöchelhohen Sneakern und weißen Boxhandschuhen (2018).

spielerin. Bei der Europameisterschaft 2008 war sie die Kapitänin ihres Teams.

Leinwandstar Xiaotong Guan wurde in eine Schauspielerfamilie hineingeboren und ist seit ihrer Kindheit in Film und Fernsehen ihrer chinesischen Heimat berühmt. Bekannt wurde sie mit Rollen in Filmen wie *Nuan*, *The Promise* oder auch *The Left Ear* und der Fernsehserie *To Be a Better Man*. 2017 wurde sie Botschafterin des „World Life Day", einer gemeinsamen Initiative des Umweltprogramms der Vereinten Nationen, des International Fund for Animal Welfare und The Nature Conservancy.

Zu den Heldinnen der Vergangenheit gehört Amelia Earhart, die erste Frau, die allein den Atlantik überflog. 1923 erhielt sie den 16. internationalen Pilotenschein, der für eine Frau ausgestellt wurde. Sie stellte zahlreiche Flugrekorde auf und schrieb Bestseller. Außerdem brachte sie eine Kleiderkollektion nach „Fliegervorbild" heraus, die auch in der Zeitschrift *Vogue* beworben wurde. Ihre Puppe trug eine braune Bomberjacke, einen Ganzkörperanzug, einen Schal, Schutzbrille und Helm – und war damit startklar!

Frida Kahlo, eine mexikanische Künstlerin, schuf eindringliche Selbstporträts und farbenfrohe, fantasievolle Blumenbilder und beeinflusste eine ganze Künstlergeneration. Sie bezeichnete sich selbst als ein Kind „in einer Welt der Farben". Frida trug gern auffällige Farben und steckte leuchtende Blumen in ihr schwarzes Haar. Ihre Puppe trug ein langes traditionelles mexikanisches Kleid, einen roten Fransenschal und Blumenkopfschmuck.

Die Sterne zählt Katherine Johnson, Mathematikerin, Physikerin und eine der ersten afroamerikanischen Frauen bei der NASA. Sie arbeitete an den komplexen mathematischen Gleichungen, die die Raumfahrt ermöglichten. Bereits mit 10 Jahren besuchte sie die High School und wurde eine der größten Mathematikerinnen ihrer Zeit. Als die NASA auf Computer umstieg, ließ man deren Ergebnisse von Katherine noch einmal auf Richtigkeit überprüfen. Katherines Geschichte wird im Nr.-1-Bestseller der *New York Times* und dem darauf basierenden Kino-Hit *Hidden Figures* erzählt. Die nach ihrem Vorbild gestaltete Puppe trug ein rosa Faltenkleid mit Kragen, eine schicke Brille und ein Namensschild der NASA.

OBEN: Die 2018 erschienene „Gabby Douglas"-Barbie würdigt die Leistungen dieser außergewöhnlichen Turnerin und Identifikationsfigur. Sie trägt einen rosa-schwarzen Nike-Trainingsanzug über einem Trikot mit Sternenbanneraufdruck.

OBEN: Drei Puppen aus der „Inspiring Women“ Barbie-Kollektion von 2017 sind eine Hommage an die Heldinnen ihrer Zeit (von links nach rechts): die Fliegerin Amelia Earhart, die Künstlerin Frida Kahlo und die NASA-Mathematikerin Katherine Johnson.

Die Säbelfechterin Ibtihaj Muhammad ist Mitglied des US-amerikanischen Fechtteams. 2016 holte sie bei den Spielen in Rio de Janeiro Bronze und war damit die erste muslimische amerikanische Sportlerin, die eine olympische Medaille gewann. Die nach ihrem Vorbild gestaltete Puppe trug ein weißes Fecht-Outfit mit Hijab und Fechtmaske, das Accessoire war ein Fechtsäbel mit silbernem Griff.

Ashley Graham, amerikanisches Model und Körper-Aktivistin, wird dafür gefeiert, Klischees zu überwinden. Sie würdigt die natürlichen Körper von Frauen anstelle der von den Medien und der Modebranche gesetzten Standards und wurde als „Botschafterin der wahren Schönheitsbewegung" bezeichnet. Die kurvige Puppe, die sie darstellt, trug ein glitzerndes schwarzes Kleid mit Jeansjacke.

Misty Copeland, eine gefeierte Primaballerina, wurde als erste Afroamerikanerin zur Solotänzerin ernannt. Sie möchte etwas zurückzugeben und hat mit vielen Wohltätigkeitsorganisationen zusammengearbeitet, die sich der Betreuung junger Menschen widmen. 2015 wurde sie vom *Time Magazine* unter den „100 einflussreichsten Personen" gelistet. Ihre Puppe trug einen auffälligen roten Bodysuit und ein Tutu mit passendem Haarschmuck.

Die amerikanische Filmregisseurin, Autorin und Produzentin Ava DuVernay war die erste Afroamerikanerin, die sowohl für einen Golden Globe als auch für einen Oscar für den besten Film nominiert wurde. 2016 führte sie Regie bei einem Dokumentarfilm über die Kriminalisierung von Afroamerikanern und das US-amerikanische Gefängnissystem. Ihre Puppe hatte lange geflochtene Haare, trug ein elegantes schwarzes Outfit, ein Armband mit Anhängern und weiße High Heels.

Adwoa Aboah, Aktivistin für psychische Gesundheit und Model, war begeistert, dass Mattel sie würdigte. In ihrem öffentlichen Instagram-Account schrieb Aboah: „Meine ganz eigene Barbie! Es ist irre! Meine eigene Puppe mit meiner Hautfarbe, rasiertem Kopf, Sommersprossen und meinen Tattoos zu sehen, ist mehr als verrückt. Den Großteil meiner Kindheit habe ich damit verbracht, mir blonde Haare, Barbies helle Haut und blaue Augen zu wünschen. Damals habe ich mich nirgends vertreten gefühlt. Aber heute bin ich mit breitem Grinsen so stolz,

OBEN: Model und Aktivistin Adwoa Aboah posiert mit ihrer Shero-Barbie-Puppe, die am 6. März 2019 erschien.

mit dieser Shero-Puppe für all die harte Arbeit belohnt zu werden, die ich in mich selbst und in @gurlstalk gesteckt habe. Ich hoffe nur, dass irgendein kleines Mädchen da draußen das sieht und erkennt, dass ihre wildesten Träume wahr werden können, wenn sie nur alles daransetzt. Ich höre und sehe dich! Diese Puppe ist für dich!"

Ruth Handler starb 2002. Ihr Leben und ihr Vermächtnis waren die Inspiration für die erste Unternehmerinnen-Barbie (2014). Für diese Puppenkollektion arbeitete Mattel mit von Frauen gegründeten und geführten Unternehmen wie Girls Who Code, Rent the Runway und Plum Alley zusammen.

Reshma Saujani gründete die gemeinnützige Organisation Girls Who Code. Die Gruppe arbeitet daran, den Frauenanteil in der Informatik zu erhöhen. Entscheidend für diese Mission ist es, die Vorstellung davon zu ändern, wie Computerprogrammierer aussehen. Saujani ist überzeugt: Mädchen brauchen Vorbilder, um sich auszumalen, wer sie sein wollen. Sie erinnert sich an eine Barbie aus ihrer Kindheit, die aussah, als käme sie aus Indien. Barbie-Puppen unterschiedlicher ethnischer Herkunft geben Mädchen die Möglichkeit, sich selbst wiederzuerkennen. Saujani hofft darauf, dass Frauen sich nicht davon entmutigen lassen, dass andere ihnen sagen, sie könnten nicht tun, was sie tun möchten – zum Beispiel programmieren.

OBEN: (Von links nach rechts) Der Barbie-Look: Eine Puppe im Spitzenkleid, Karriere-Barbie Cupcake-Bäckerin, die „Totally Hair"-Barbie zum 25. Jubiläum und Barbie Eiskunstläuferin sind nur einige der beliebten Puppen, die Mädchen zu großen Träumen inspirieren!

Bei Plum Alley können Unternehmerinnen über Crowdfunding Mittel für die Gründung eines Unternehmens erhalten. Deborah Jackson, eine der Gründerinnen, setzt sich leidenschaftlich dafür ein, dass Frauen aufsteigen, Unternehmen besitzen, erfolgreich werden und ihr eigenes Vermögen aufbauen. Sie ist der Meinung, dass die Unternehmerinnen-Barbie nicht nur den Mädchen, sondern auch Jungen und Vätern dabei helfen kann, die Fähigkeiten von Frauen zu erkennen. Es begeistert sie, dass Barbie so viele unterschiedliche Berufe repräsentiert – das passt wunderbar zu den Ideen der von ihr finanziell geförderten Frauen.

Rent the Runway richtet sich an Frauen, die online Designerkleidung und -accessoires ausleihen möchten. Jennifer Fleiss ist Mitbegründerin des Unternehmens. Sie möchte, dass Frauen jeden Alters nach mehr streben, und denkt, dass Barbie sie dazu ermutigt.

Ruth Handler wäre erfreut, die Worte dieser modernen Frauen zu hören, die den Kerngedanken hinter Barbie erkennen. Ruths Idee ist für Millionen von Frauen und Mädchen weltweit noch immer Vision und Chance.

OBEN: Die oscarprämierte Regisseurin Ava DuVernay posiert mit der Barbie-Puppe, die 2015 nach ihrem Vorbild geschaffen wurde. **UNTEN**: Ballerina Misty Copeland mit der Puppe, die 2016 nach ihrem Ebenbild kreiert wurde – inklusive farbenfrohem Body und Haarschmuck.

Barbie
59
VOTE
BARBIE
50TH ANNIVERSARY

1
BARBIE

Kapitel 4

BARBIE NIMMT GESTALT AN

Seit Tausenden von Jahren stellen Menschen Puppen her. Frühe Puppen wurden in Ägypten und Griechenland aus Holz oder Ton gefertigt und bei religiösen Zeremonien verwendet. In anderen Ländern dienten Stoff und Tierknochen, Hüllblätter vom Mais oder Rinde zur Darstellung menschlicher Wesen und wurden Teil des fantasievollen Spiels von Kindern.

Mit der Zeit wurden Puppen zunehmend raffinierter und kunstvoller. Kunsthandwerker in Deutschland und Frankreich fertigten exquisite Puppen aus Porzellan.

Als Ruth Handler die erste Barbie-Puppe entwarf, war ihr klar, dass die gewünschten Details nur aus Polystyrol hergestellt werden konnten. Dieser Kunststoff war das wichtigste Ausgangsmaterial im speziellen Spritzgussverfahren, das Ruth vorschwebte.

Als Frank Nakamura nach Japan ging, um an Mattels Puppenmöbeln zu arbeiten, wurde er auch damit beauftragt, eine Fabrik zu finden, die Puppen herstellen konnte, wie Ruth sie im Sinn hatte. Das war nicht einfach.

Das erste Polystyrol-Werk war erst kurz zuvor, 1957, in der Nähe von Nagoya fertiggestellt worden. Es konnte Lebensmittelbehältnisse, Elektrogeräte und Spielzeug produzieren, doch niemand hatte je zuvor eine Barbie-Puppe „gezaubert“. Es war ein einziges großes Experiment.

In der Fabrik wurden Metallformen für Barbies Kopf, Beine, Arme und Körper angefertigt. Jede Form bestand aus mehreren Hohlräumen, sodass viele Teile gleichzeitig hergestellt werden konnten. Diese Hohlräume wurden mit einem flüssigen Gemisch befüllt und anschließend dicht verschlossen.

Wenn die Form erhitzt und gedreht wurde, zog die Zentrifugalkraft das Material in jede noch so kleine Ritze. Nachdem die Öfen ausgeschaltet wurden, kühlte man die Formen langsam mit Luft und kaltem Wasser herunter.

GEGENÜBER: Designer bemalen die Lippen und Augen der Puppen sorgfältig von Hand.

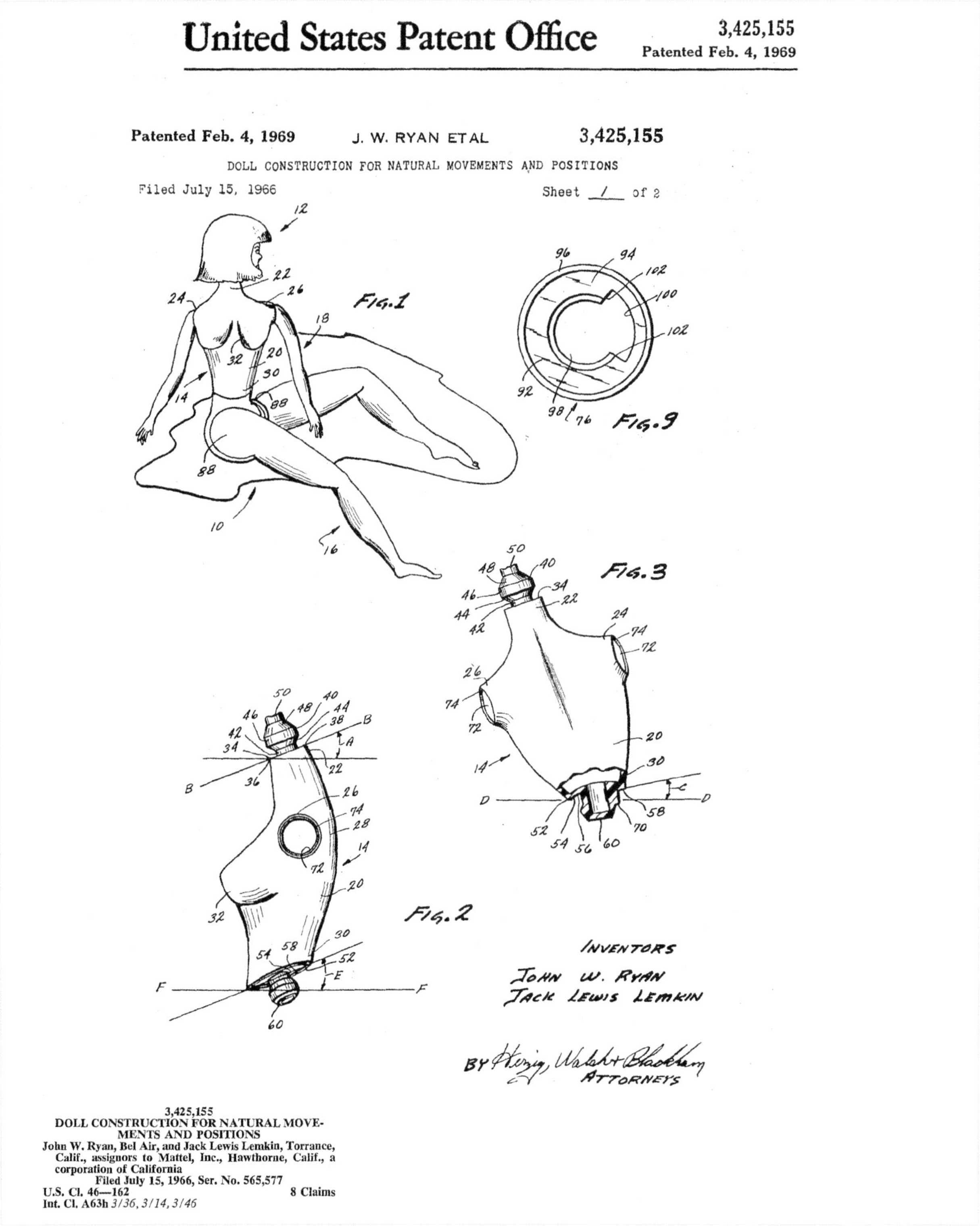

United States Patent Office 3,425,155
Patented Feb. 4, 1969

Patented Feb. 4, 1969 J. W. RYAN ETAL 3,425,155

DOLL CONSTRUCTION FOR NATURAL MOVEMENTS AND POSITIONS

Filed July 15, 1966 Sheet 1 of 2

3,425,155
DOLL CONSTRUCTION FOR NATURAL MOVE-MENTS AND POSITIONS
John W. Ryan, Bel Air, and Jack Lewis Lemkin, Torrance, Calif., assignors to Mattel, Inc., Hawthorne, Calif., a corporation of California
Filed July 15, 1966, Ser. No. 565,577
U.S. Cl. 46—162 8 Claims
Int. Cl. A63h 3/36, 3/14, 3/46

OBEN: Mattels erneuertes US-amerikanisches Patent für die „Doll Construction for Natural Movements and Positions" (dt. „Puppenkonstruktion für natürliche Bewegungen und Positionen"), eingereicht vom Designer Jack Ryan am 15. Juni 1966.

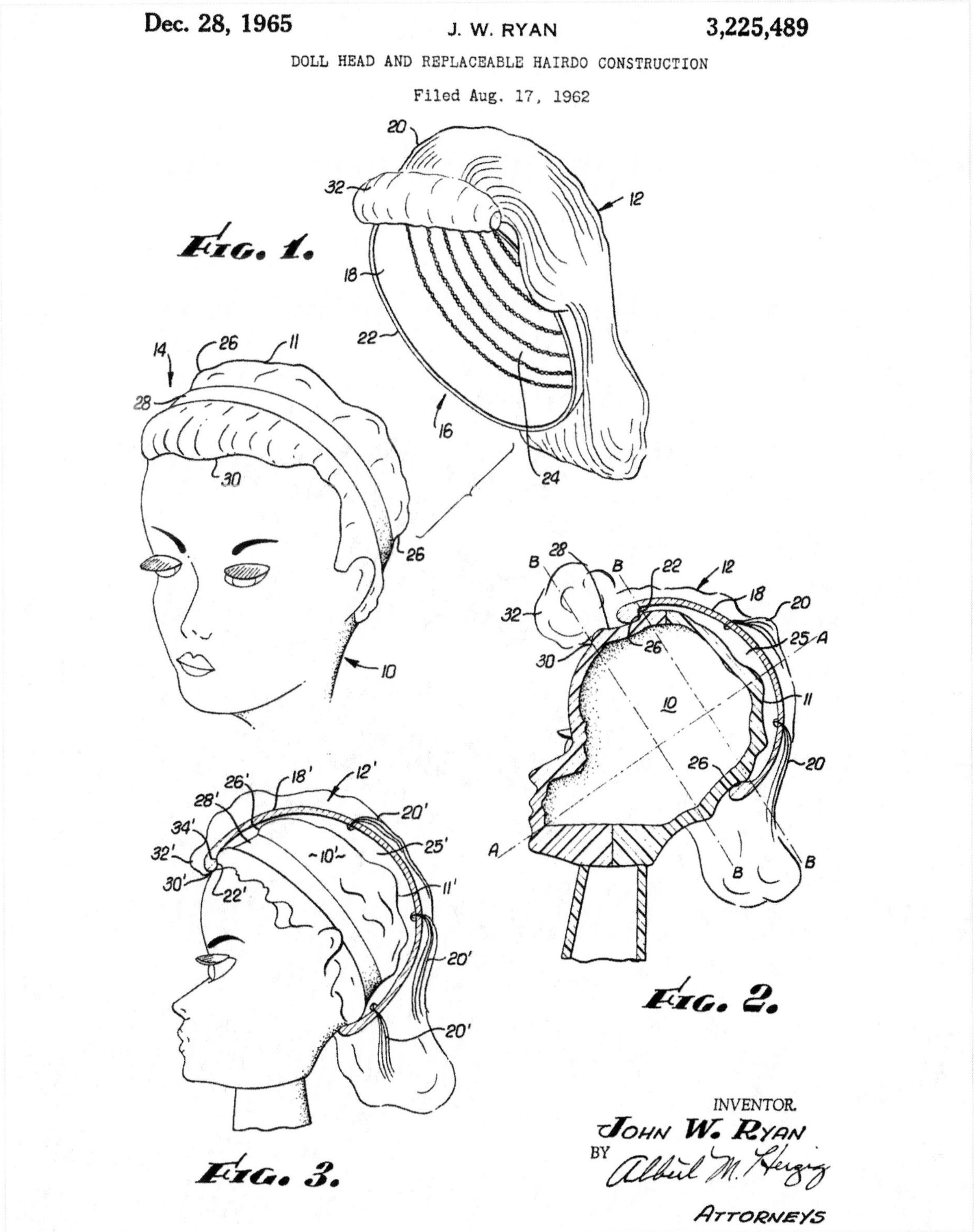

OBEN: Mattels US-amerikanisches Patent für „Doll Head and Replaceable Hairdo Construction" (dt. „Puppenkopf und austauschbare Frisurkonstruktion"), angemeldet von Jack Ryan am 17. August 1962.

Dann wurden die fertigen Stücke herausgelöst. Falls nötig, wurde überschüssiges Plastik von Hand entfernt.

Diese ersten Barbies konnten erst zusammengesetzt werden, nachdem ihre Gesichter mit winzigen Pinseln von Hand bemalt worden waren. In späteren Jahren gab es eine Schablone, sodass die freien Stellen mit einem Farbspritzauftrag versehen werden konnten. So wurde das Make-up der Puppen einheitlicher.

Barbies kahler Kopf wurde mit im Vinyl verankerten Nylonhaar versehen. Das Haar wurde mithilfe spezieller Nähmaschinen befestigt. Anschließend wurde es gekämmt und schließlich gestutzt, dann konnte Barbies Kopf aufgesetzt werden. Nachdem Barbies Badeanzug übergestreift worden war, wurde sie in ihre schmale Schachtel gelegt und schließlich übers Meer in die Geschäfte verschifft.

Im Laufe der Zeit wurde die Produktion der Barbie von Japan nach Indonesien und Chang'an in China verlegt. Trotz dieser Entwicklungen änderte sich nichts Wesentliches am Herstellungsverfahren. Was sich jedoch sehr wohl änderte, war das Marketing und die Art und Weise, wie Frauen und Mädchen mit ihren Puppen umgingen.

Isela Scaglione, Vice President Portfolio Management bei Mattel, erklärt: „Die Millennials wollten etwas, das bedeutungsvoller und bestimmungsgemäßer ist. Deshalb

OBEN: Eine Sammlung von Vintage-Karriere-Barbies. Von links nach rechts: „Busy Gal" Mode-Barbie (1960), Barbie als Krankenschwester (1961), Barbie als Flugbegleiterin bei American Airlines (1961) und Barbie als leitende Angestellte (1963).

überdachten wir unser entsprechendes Marketing. Wir blicken zurück in die Vergangenheit, um die Zukunft zu definieren – so sind wir am erfolgreichsten. Und gerade jetzt ist es wichtig, eine zielgerichtete Marke zu sein. Das Narrativ hat sich von den Dingen, die Barbie hat, zu dem verlagert, was sie tut. Früher lag der Fokus auf einem Freund oder Schuhen. Heute hat die Vorstellung, alles sein zu können, eine größere Bedeutung. Was setzt Barbie in einem Mädchen frei?"

Auf dieser Basis ließen die Designer ihre Kreativität in den Prozess einfließen: Welche Puppen, Kleidungsstücke und Accessoires passen zum aktuellen Gesellschaftsbild und zu der Geschichte, die die Marke Barbie erzählt?

Robert Best, Vice President Barbie Product Design, meint dazu: „Kultur findet man stets auf Webseiten wie Pinterest, bei Bloggern, auf Mode-Websites und Mode-Apps. Wie schon früher gibt es noch immer Zeitschriften und Bücher. Doch inspirieren lassen kann man sich auch durch den Besuch eines Museums, wie etwa der Ausstellung *Heavenly Bodies* im Metropolitan Museum of Art in New York City." Designer erstellen ein Moodboard, das aufzeigt, welche kulturellen Referenzen ihre Arbeit beeinflussen. Best führt aus: „Wie vermittelt man die Vorstellung von Kultur, davon, was cool ist, was angesagt ist, was eine Berühmtheit so beliebt macht? Es grenzt an das Unmögliche."

Von ihren Anfängen bis heute ist Barbie im Kern ein Geschäft. Für jedes Produkt der Marke wird auch eine Kosten- und Zeitanalyse durchgeführt, die für große Ketten wie Walmart und Target erforderlich ist. Unternehmen, die die Marke Barbie vertreiben, haben unterschiedliche Anforderungen und unterschiedliche Termine, zu denen sie Produkte benötigen. All diese Entscheidungen erfordern genaue Planung. In der Spielzeugbranche gibt es zwei Hauptsaisons: Für die Frühjahrssaison müssen die Spiel-

OBEN: Von links nach rechts: Skizzen, die als Anregung für Barbies Kleidung dienten: Red Flare (1962), After Five (1962), Dinner at Eight (1963) und Orange Blossom (1961).

sachen direkt nach Weihnachten verschickt werden, für die Weihnachtssaison müssen sie bis zum 1. Juni auf dem Weg sein. Diese Fristen bestimmen den Prozess von der Idee bis zur Markteinführung.

Scaglione erklärt: „Sobald wir das Design kennen und die Muster prüfen, müssen wir die entsprechenden Arbeitsmittel entwerfen und bauen. Anschließend überprüfen wir die Gussformen auf mögliche Fehler, um sicherzugehen, dass sie makellos sind. Wenn wir das fertige Kunststoffteil aus der Form lösen, soll es schließlich auch perfekt sein."

Robert Best ergänzt: „Wir haben Entwicklungspartner vor Ort. Sie können die von uns geschickten Skizzen als Roadmap verwenden, das ist also ihr Ausgangspunkt. Bei einer Fashionista-Puppe beispielsweise, kann das Werk anhand einer groben Skizze einen Prototypen herstellen. Man weiß, dass der Körper eine von mehreren Optionen sein wird. Weiche Produkte, sprich Stoff, müssen genäht werden. Die digitalen Programme können Stoff nicht nachbilden, also braucht man den konkreten Gegenstand. Deshalb schickt man uns einen Prototypen, was einige Tage dauern kann."

Beim Entwurf von Puppen ist – genau wie in der Mode – alles von Kopf bis Fuß zu berücksichtigen. Die Designer sind für alle Aspekte zuständig: von der Kleidung über Haare und Make-up bis hin zur Gestaltung des Gesichts.

Jede Änderung hat Folgen. Beispielsweise wurde eine Barbie mit flachen Füßen konzipiert. Die Folge war: Keiner

OBEN: Einige der verschiedenen Schritte bei der Herstellung neuer Barbie-Modelle, darunter (von oben nach unten) das Formen des Kopfes aus Ton, das Erstellen von Metallabgüssen für Gussformen und das Anbringen von Haar und Make-up vor dem Zusammenbau.

von Barbies alten Schuhen passt der neuen Puppe. Best drückt es so aus: „Gute Fertigung zeichnet sich durch Einfachheit aus – weil sie so effizienter ist. Vielfalt ist der Feind guter Fertigung, weil sie weniger effizient ist." Das Marken-Team ist stets darauf bedacht, spannende neue Angebote zu schaffen und neue Fans zu gewinnen. Dabei gilt es, Vielfalt gegenüber Einheitlichkeit in der Produktion abzuwägen.

Die Yves-Saint-Laurent (YSL)-Puppen von 2018 sind ein Beispiel für Kooperationen mit externen Partnern. Mattel wandte sich an die Führungskräfte von YSL mit der Idee, die Kleidung des Labels für Barbie nachbilden zu lassen. Scaglione führt aus: „Barbie hat großen Einfluss auf Designer und ist selbst wiederum ein von ihnen beeinflusstes Produkt. Wir wünschen uns Partner, die uns beflügeln und die wir im Gegenzug auch beflügeln können. Aufgrund von Yves Saint Laurents Position in der Haute Couture dachten wir, es wäre eine Win-Win-Situation, seine Kreationen einem anderen Publikum zugänglich zu machen."

Bis dahin war noch nie ein YSL-Design an andere Marken lizenziert worden. Doch YSL war einverstanden. Daraufhin wurden nach dem Vorbild der Models, die die Designs erstmals trugen, drei Puppen entworfen, die die ikonische Mode tragen sollten. Von jedem Kleidungsstück wurden nur 1.000 Exemplare hergestellt. Mit jeder Designphase ging Mattel Verpflichtungen ein, etwa im Hinblick auf Qualität, Farbe und Authentizität, auch bei der Herstellung der Kleider. Beim berühmten Mondrian-Kleid wurden alle geometrischen, einfarbigen Stoffstücke einzeln zusammengenäht, genau wie bei den Originalkleidern von YSL.

Mode ist eine Form von Selbstentfaltung und Kultur.

OBEN: Eine grobe Designerskizze mit Moodboard, komplett mit Stoffmustern. Dieses Design wurde Teil der „Fashion Fever Barbie Animal Print"-Kollektion 2005.

OBEN: „Yves Saint Laurent“-Puppen zu Ehren des französischen Modedesigners, die Teil einer limitierten Platinkollektion von Barbie-Puppen sind, die 2018 auf den Markt kam. Von jeder Puppe wurden weniger als 1.000 Stück gefertigt.

Barbie spiegelt dies wider – sogar in der Gestaltung ihres Make-ups. Barbies anfangs stark geschminkte Augen mit dickem Lidstrich, blauem Lidschatten und roten Lippen waren charakteristisch für die 1950er-Jahre. Als Lippen aber generell blasser wurden, traf das auch auf Barbies zu.

Auf der New York Toy Fair 1959 war Ruth mit dem von Kohei Suzuki geformten Gesicht der ersten Barbie nicht zufrieden. Erst bei Barbie Nr. 3, die 1960 auf den Markt kam, fand Ruth, dass die geschwungenen Augenbrauen gleichmäßig genug verlaufen, um ihr ein weicheres Aussehen zu verleihen. Auch der dicke schwarze Lidstrich verschwand, was sie jünger wirken ließ.

Laut Hiroe Okubo-Worf, einer der ersten Bemalerinnen, gab es einen Gesichtsdesign-Wettbewerb, der zeigen sollte, wer die beste Arbeit leisten würde. Okubo-Worfs Talent stach hervor, und viele Jahre lang war sie die einzige Gesichtsmalerin für Barbie. Sie erlebte zahlreiche Veränderungen, darunter 1967 die Twist 'n Turn mit tiefroten Lippen, rosigen Wangenknochen und großen blauen Augen mit langen Wimpern. Barbie Malibu erhielt 1971 ein Lächeln, das

OBEN: Zwei Gold-Label Barbie-Puppen für erwachsene Sammler: die Versace-Barbie-Puppe aus dem Jahr 2004 (links) und die „Oscar de la Renta"-Barbie aus dem Jahr 2016 (rechts).

ihre Zähne hervorblitzen ließ. 1979 wurde Kissing Barbie mit geschürzten Lippen verkauft – mit einer Druckfläche auf dem Rücken der Puppe ließ sich der Kussmund wieder glätten. Die Einführung der internationalen Puppenlinie im Jahr 1980 bedeutete weitere Veränderungen im Hinblick auf Form und Gestaltung des Gesichts.

Die Barbies wurden so konzipiert, dass sie wie echte Menschen aussehen – darunter Prominente und bekannte Persönlichkeiten aus den Kollektionen „Shero" und „Inspiring Women". Diese Puppen ahmen über ihr Gesicht, Hautfarbe, Haare und Körper das Aussehen ihrer Vorbilder nach. Nicht minder herausfordernd für die Künstler sind die Fashionista-Puppen, da jede Barbie dieser Serie ein einzigartiges Gesicht hat. Es gibt mehr als vierzig Fashionista-Puppen und die Mattel-Künstler kreieren unablässig weitere. Sobald ein Entwurf freigegeben wird, geht es ab ins Werk, wo mithilfe eines 3D-Druckers schnell ein Prototyp erstellt wird – ein Verfahren, das in den 1950er-Jahren so gut wie unvorstellbar war.

Die vielleicht drastischste Änderung im Hinblick auf Barbies Gestalt erfolgte 2016, als ihre bis dahin immer gleiche ikonische Körperform um einige Varianten ergänzt wurde. Kimberly Culmone, Senior Vice President, Head of Design Dolls bei der Mattel, Inc., hat Insiderwissen über Barbies neuen Körper.

Kim besuchte als Erste in ihrer Familie ein College. Sie machte zunächst einen Abschluss in Innenarchitektur und dann einen zweiten in Textildesign. Schließlich fand sie eine Stelle in der Textiltechnik bei Mattel. Diese Abteilung entwickelte die Stoffe für alle Mattel-Spielzeuge, einschließlich der Barbie.

„Das", erinnert sich Kim, „hat mich wirklich verblüfft. Ich hatte noch nie wirklich darüber nachgedacht, dass ja irgendwer Barbie entwerfen musste! Da waren all diese unglaublichen Künstler, die sich mit der Bemalung, den Textilien, den Haaren und der Kleidung befassten. Mir wurde klar, dass ich meinen Kindheitstraum und meine Ausbildung im Textilbereich zusammenbringen konnte." Kurz nachdem Kim ihre neue Stelle angetreten hatte, gingen die Verkaufszahlen der Barbie zurück. Man brauchte einen Umbruch. Die Führungsebene verkündete, man sei nun auch offen für Ideen, die zuvor nicht infrage gekommen wären.

OBEN: Die 1979 erschienene Kissing Barbie trug ein durchsichtiges, blassrosa Nylonkleid mit Blumen- und Kussmuster und einem kleinen rosa Nylonband als Akzent sowie rosa Schuhe. Der Kissing Barbie lagen ein Strauß rosa- und lilafarbener Plastikblumen und Spielzeuglippenstift bei.

OBEN: In der Barbie Signature Kollektion brachte Mattel eine Reihe von Puppen aus der ganzen Welt heraus. Von links nach rechts dargestellt sind die erste Hispanic Barbie aus dem Jahr 1979 und die erste Schwarze Barbie aus dem Jahr 1968.

OBEN: Im Jahr 1997 brachte Mattel eine Sonderedition der Barbie-Freundin mit dem Namen „Share A Smile Becky" heraus, die in einem rosa- und lilafarbenen Rollstuhl saß und mit zwei Freundschaftsketten geliefert wurde.

Barbies Körper zu verändern, war bereits seit Langem ein Thema. Offensichtlich war, dass es im Markt ein Bestreben gab, neue Arten von Körpern auszuprobieren. Aber diese Idee kam bei den Verbrauchern nicht immer gut an.

Kim erklärt: „Ich fragte unsere Designer ‚Was wolltet ihr schon immer tun, habt es aber noch nie gemacht? Wenn ihr hier und jetzt Ruth Handler wärt, wie würdet ihr unserem Versprechen gerecht werden wollen, den Zeitgeist widerzuspiegeln und Kindern grenzenlose Möglichkeiten zu vermitteln?'" Ihr Team setzte auf Änderungen, die der Diversität und Inklusion Rechnung trugen – und das zahlte sich aus.

Barbies blaue Augen und ihr blondes Haar wurden um zahlreiche andere Farbtöne ergänzt, um eine buntere Gesellschaft widerzuspiegeln. Das Design-Team entwarf außerdem zahlreiche neue Gesichtszüge und andere Körpermerkmale. Und – die vielleicht dramatischste Veränderung – Barbies berühmte Figur wurde zu nur einer von vier Körperformen: original, kurvig, petit und groß.

Diversität und Inklusion rückten für Designer und Marketing in den Vordergrund. Und als man sich erst einmal damit beschäftigte, wie Barbie präsentiert wurde, erkannte man plötzlich Dinge, die zuvor nie bemerkt worden waren: etwa, wie Barbie in Illustrationen und auf Medienplattformen aussah. Kim führt aus: „Kulturell rücken Diversität und Inklusion in den Vordergrund. Wir beobachten das und reagieren darauf."

2017 war eine kurvige Fashionista die meistverkaufte Puppe. Kims Abteilung denkt viel darüber nach, wie man die Markenwerte Diversität und Inklusion fördern kann. 2019 wurde eine Puppen-Reihe mit Behinderungen eingeführt: eine Puppe, die im Rollstuhl sitzt, und eine mit einer Beinprothese. Kim sagt dazu: „Wir möchten, dass die Menschen sich durch die Marke repräsentiert und gesehen fühlen."

Kim denkt, dass Ruth Handler die Puppe im Sinne einer grundlegenden menschlichen Wahrheit erschaffen hat, die Bestand haben wird: Ein Mädchen kann alles sein und werden, was sie möchte. Kim sagt dazu: „Barbie war schon immer eine bahnbrechende Marke – und ist es immer noch. Wir müssen uns an den Kunden orientieren, die Barbie heutzutage kaufen, dann ist Barbie durch nichts aufzuhalten."

OBEN: Eine der Karriere-Barbies von Mattel war die 2019 erschienene Barbie Pilotin zum 60. Jubiläum, die eine blaue Pilotenuniform mit passender Pilotenmütze und schwarzen Stiefeln trug. **NÄCHSTE DOPPELSEITE**: Im Jahr 2016 brachte Mattel Barbies auf den Markt, die unterschiedliche Körper in neuen Formen und Größen hatten. Alle Barbies und deren Freunde waren beispielsweise als zierliche, große, dünne oder auch kurvige Puppen erhältlich.

WINCHESTER

Kapitel 5

BARBIE ALS LIFESTYLE

Barbies erste Fans wünschten sich schon bald einen Freund für sie. Für Ruth ergab das definitiv Sinn. Schließlich hatte ihre Tochter sowohl mit weiblichen als auch mit männlichen Papierpuppen gespielt.

Die späten 1950er und frühen 1960er waren eine Zeit, die von hohen Erwartungen an Heim und Familie geprägt war. Im Fernsehen schaute man mit der ganzen Familie *Vater ist der Beste*, *The Adventures of Ozzie and Harriet* und *Dennis*, die allesamt das Ideal traditioneller Familien zur damaligen Zeit nachahmten. Die Frauen in diesen Sendungen waren jeder Herausforderung gewachsen und hatten nicht minder tolle Ehemänner. Ganz bestimmt würden Kinder zur Barbie auch eine männliche Puppe haben wollen.

Aber die Spielzeugeinkäufer waren – wieder einmal – nicht begeistert. Jungenpuppen verkauften sich üblicherweise nicht besonders gut, und die Einkäufer glaubten nicht daran, dass Barbies Erfolgsgeschichte auf eine erwachsene männliche Puppe übertragbar wäre.

Wie üblich ließ sich Ruth von den Zweiflern nicht beirren. Doch beinahe wäre sie über eine recht offensichtliche Hürde gestolpert: Barbie Brüste zu geben, war eine Sache, aber sollte auch Ken anatomisch korrekt sein? Ruth fand, die männliche Anatomie sollte angedeutet werden durch eine – wenn auch nur geringfügig ausgeprägte – Wölbung. Charlotte Johnson, die auch für die neue Puppe Kleidung entwerfen sollte, stimmte Ruth zu. Doch das männliche Designteam wollte nicht mitziehen – Genitalien sollten auf keinen Fall angedeutet werden. Ruth warf ihnen Feigheit vor.

Es wurden Prototypen bestellt, deren unterschiedlich stark ausgeprägte Wölbungen in Unterwäsche sichtbar waren. Widerwillig gab Ruth den Bedenken nach. Am Ende war der Intimbereich der Puppe so flach wie ihr Bauch.

GEGENÜBER: Ruth Handler mit einer Auswahl Barbie- und Ken-Puppen aus den frühen 1960er-Jahren.

LINKS: Die originalen Bademoden-Barbie und -Ken von 1959. **OBEN RECHTS**: Ein lächelndes junges Mädchen und eine Sammlung mit Barbie, Ken und deren Freunden aus einer Mattel-Werbung 1960. **UNTEN RECHTS**: Werbung aus dem Jahr 1963 für „Barbie und Kens Hot Rod und Sportwagen", passend für die Puppen Barbie, Ken und Midge.

Ken wurde der Öffentlichkeit erstmals am 11. März 1961 auf der New York Toy Fair präsentiert. Es gab ihn mit blondem oder brünettem Haar aus Filz, das sich jedoch schnell abrieb und schon bald durch eine als Bestandteil des geformten Kunststoffkopfes angedeutete Frisur ersetzt wurde. Erst 1973 bekam er „verankerte" Haare wie Barbie. Zu seinen roten Badehosen passten Sandalen mit rotem Riemen, und er trug ein gelbes Frotteehandtuch bei sich. Genau wie Barbie besaß er zahlreiche Outfits.

Ken, benannt nach Ruths Sohn, wurde im Mattel-Katalog mit dem Slogan „Er ist eine Puppe!" vorgestellt. Barbie war ein „Teenager-Model", Kens Beschreibung lautete „Barbies Freund". Er war 30 cm groß und feierte sein Fernsehdebüt in einem Werbespot, in dem er in einem Ballsaal erschien. Der Werbespot erzählt, wie Barbie und Ken einander beim Tanzen kennenlernten und Barbie „gleich wusste, dass sie und Ken ein Paar sein würden". Ihre aufeinander abgestimmten Outfits eigneten sich für Ausflüge an den Strand, Bälle und sogar für eine Hochzeit. Barbies Hochzeits-Set enthielt ein blaues Strumpfband, zu Kens Smoking gehörte eine weiße Ansteckblume. Wie auch Barbies von Charlotte Johnson entworfene Kleidung besaßen Kens Outfits all die Präzision, Qualität und Detailverliebtheit, die die Käufer mittlerweile erwarteten.

Ihrer wachsenden Fangemeinde zufolge brauchte Barbie auch eine Freundin. So kam 1963 Midge Hadley auf den Markt. Sie heiratete später Allan, der 1964 die Bühne betrat. Im selben Jahr bekam Barbie eine jüngere Schwester im Teenageralter namens Skipper, der wiederum eine Freundin mit dem Namen Skooter zur Seite gestellt wurde. Im folgenden Jahr wuchs Barbies Familie beträchtlich, als die Zwillinge Tutti und Todd, im Vorschulalter, vorgestellt wurden. 1966 bekam Barbie mit Francie auch eine Cousine.

1968 fand Barbie in Christie ihre erste afroamerikanische Freundin. Sie war eine der sprechenden Puppen, die jeweils darauf programmiert waren, kurze, für jede Puppe unterschiedliche Sätze zu sprechen. In Anspielung auf die British Invasion kam 1968 auch Stacey, eine Freundin von Barbie aus dem Vereinigten Königreich, auf den Markt. Die Puppe hatte einen britischen Akzent und wurde nur drei Jahre lang hergestellt. Ihr Gesichtsdesign wurde

OBEN: Die sprechende Christie, die erste afroamerikanische Barbie-Puppe, kam 1968 auf den Markt. Die hier abgebildete Christie-Puppe ist von 1970 und trägt ein gelb-orange bedrucktes Oberteil mit orangefarbenem Vinylbesatz und gleichfarbigen Vinyl-Shorts.

OBEN: Twiggy war in den 1960er-Jahren eine kulturelle Ikone und ein prominentes Teenager-Model. Mattel brachte die Twiggy-Puppe auf dem Höhepunkt ihrer Karriere heraus. Hier abgebildet ist eine Anzeige aus dem Mattel-Katalog 1968.

später für Barbie Malibu verwendet. Eine Hommage an die Hippie-Ära war 1969 PJ mit perlenbesetzten Bändern an den Zöpfen. In den 1960er-Jahren erschien auch die erste Promi-Barbie: Supermodel Twiggy kam 1967 im längsgestreiften Minikleid und mit gelben Stiefeln auf den Markt. Sie wurde als „Londons Top-Teenie-Model" beworben.

Barbies Familie wuchs erst 1989 wieder, als ihre Cousine Jazzie eingeführt wurde. 1992 stellte Mattel dann Barbies Schwester Stacie vor (nicht zu verwechseln mit ihrer britischen Freundin Stacey aus dem Jahr 1968). 1995 betrat Kelly (in Europa „Shelly" genannt) die Bühne. Die Produktion der Kelly wurde schließlich eingestellt und 2011 trat Chelsea als Barbies jüngste Schwester an ihre Stelle.

Im Laufe der Jahrzehnte wurde Barbies Welt immer größer. Was jedoch alle Puppen miteinander verbindet, sind ihre Beziehungen zueinander. Manche Beziehungen gehören direkt zu Barbie, wie ihre Freunde und Familienmitglieder, andere wiederum sind Beziehungen, die durch das Spielen mit den Puppen aufgebaut werden.

Ein Team aus den Bereichen Marketing, Design und Öffentlichkeitsarbeit unternimmt die ersten Schritte zur Entwicklung der Puppen, die Barbies Welt erweitern und die Fantasie der Mädchen anregen sollen. Das Team führt gemeinsam ein Brainstorming zu zeitgemäßen Puppen durch – wie etwa die neuen Puppen Barbie Robotik-Ingenieurin und Barbie Spieleentwicklerin. Das Team überlegt, ob die Puppe weltweit Anklang finden wird, in welchem Alter Mädchen die Rolle der Puppe verstehen würden, ob die Puppe einen Zweck erfüllt und ob sie einen hohen Spielwert hat. Die Robotik-Ingenieurin beispielsweise wird mit lilafarbenem Laptop und einem winzigen silbernen Roboter geliefert.

Robert Best erklärt dazu: „Wir halten uns weiterhin an Ruths Versprechen. Wir sind uns der Dream Gap bewusst, d. h. uns ist klar, dass es im Hinblick auf Mädchenträume noch einiges zu tun gibt. Mädchen sehen sich selbst in der Gesellschaft nicht als so vollwertig, wie sie es könnten. Deshalb ist es für uns umso wichtiger, diesen Dialog voranzutreiben. Ja, Barbie ist eine Modepuppe, aber Ruth Handler hat wirklich um sie gekämpft. Diesen Kampf müssen wir widerspiegeln. Es ist enorm wichtig, Frauen zu fördern und dies mit der Marke zu unterstützen, weil wir eine so große Reichweite haben."

OBEN: Eine Vintage-Twiggy-Puppe im „Ausgeh-Outfit" von 1967, das aus einem Minikleid mit gestreiftem, mehrfarbigem Oberteil und silberfarbenem Rock, akzentuiert durch einen breiten silbernen Gürtel auf der Hüfte, und silbernen Stiefeln bestand.

2019 entstand eine Partnerschaft mit *National Geographic*. Neben Barbie als Imkerin oder Schmetterlingskundlerin gab es eine Biologin, eine Naturschützerin, eine Fotojournalistin und eine Astrophysikerin. Wie Robert Best es ausdrückt: „Wir geben den Mädchen das, was sie wollen, aber wir helfen ihnen auch, noch größere Träume zu verfolgen. Wir wählen Berufe aus, mit denen sie sich identifizieren können." Ein wichtiger Aspekt von Barbies Botschaft besteht darin, Berufe zu zeigen, in denen Frauen unterrepräsentiert sind. Das Konzept wird als „See It/Be It" (dt. in etwa „Man wird nur, was man kennt") bezeichnet. Alle Karrierepuppen fügen sich nahtlos in die Welt von Barbie ein. Barbie ist inzwischen ein ganzes „Spielsystem" und alle Bestandteile sind frei kombinierbar. In Barbies Cabrio könnte eine Meerjungfrau sitzen oder eine Prinzessin im Arztkittel. Barbie hat keine Probleme mit Andersartigkeit.

Die Sets mit ihren Accessoires erzählen ganze Geschichten, wie zum Beispiel von Kinobesuchen oder Reisen. Auch Barbies Traumvilla und das Zubehör haben sich weiterentwickelt, um ihrem immer größer werdenden Freundes- und Familienkreis gerecht zu werden. Barbies Traumvilla wurde ursprünglich nur für sie konzipiert, doch inzwischen hat sie größere Räume, damit man mit mehreren Puppen darin spielen kann. Selbst Barbies Autos und Wohnmobile wurden größer, damit mehr Charaktere darin Platz finden. In Barbies Familie geht es um Beziehungen und Verbundenheit. Ihre drei Schwestern sind ihr wichtig. Mit Chelsea, der Jüngsten, Skipper, einem Teenager, und Stacie als junge Erwachsene eröffnet sich eine riesige Bandbreite an Spielmöglichkeiten. Barbie hat auch Freunde außerhalb der realen Welt. Die Dreamtopia-Kollektion umfasst Meerjungfrauen, Feen und Prinzessinnen sowie Einhörner. Die Puppen sind mit Licht und Ton ausgestattet und es gibt sie ebenfalls in unterschiedlichen Körperformen. In Barbies Welt sind selbst Spiele mit Fantasiegestalten von Diversität geprägt. Feen und Meerjungfrauen in zahlreichen Ausführungen spiegeln die große Bandbreite an Kindern wider, die mit ihnen spielen.

Mit jeder Verkörperung und jeder neuen Puppe, die auf den Markt kommt, sendet Barbie ihre Botschaft in die Welt: Mädchen können alles sein.

OBEN: Barbies Weltraumkarriere begann 1965, als Mattel die Puppen Barbie Astronautin und Ken Astronaut herausbrachte. Hier ist die Barbie Astronautin von 1985 zu sehen, die ganz im Stil der damaligen Zeit in ein fuchsiafarbenes und silbermetallisches Bodysuit-Oberteil, passende Hosen mit silbernem Gürtel und rosafarbene Overknee-Stiefel gekleidet ist.

OBEN: Barbies Lifestyle entwickelte sich in verschiedene Richtungen. 1966 war Surfen der letzte Schrei und Barbie und ihre Freunde waren Teil dieser Szene. Hier ist eine Mattel-Werbung aus dem Jahr 1966 für „The Active World of Barbie" zu sehen, in der Barbie, Ken und Skipper auf den Wellen reiten. **NÄCHSTE DOPPELSEITE**: Ruth und Elliot Handler mit ihrer Lifestyle-Ausstellung „Barbie und Freunde" auf der kanadischen Spielwarenmesse 1971.

Kapitel 6

BARBIE IN MODE UND KUNST

Ruth Handler liebte Mode. Von Anfang an wollte sie Barbie mit modischen Outfits ausstatten. Dank Charlotte Johnson wurde dieser Traum Realität.

Barbies erste Kollektion umfasste 22 Outfits, darunter ein Brautkleid aus Satin und Tüll, eine Jacke mit passenden Etuiröcken im Stil von Chanel, Pelzstola und lange weiße Handschuhe sowie Unterwäsche, die die Mädchen vielleicht noch nicht trugen, aber schon bald tragen würden, etwa BH und Unterkleid sowie ein Morgenrock.

Outfits wie das Resort-Set, Suburban Shopper oder auch Samstags-Matinée waren allesamt beliebt. Ruth wollte sichergehen, dass Barbie nicht nur beim Abschlussball, sondern auch bei alltäglichen Aktivitäten wie einem Fußballspiel oder auf der Arbeit gut angezogen wäre.

Charlotte begann zunächst mit dem „TPO"-Designansatz. *T* steht für die Tageszeit („time"), zu der ein Kleidungsstück getragen würde, *P* für den Ort („place"), an dem Barbie es tragen würde, und *O* für den Anlass („occasion").

Obwohl für die ersten Barbies auch Dessous entworfen worden waren, kam Charlotte zu dem Schluss, dass Unterwäsche einen zu geringen Spielwert hätte und ein Badeanzug mehr Möglichkeiten und Vorstellungswelten eröffnen würde.

Charlotte ließ sich anfangs vor allem von den Titelbildern der *Vogue* inspirieren. Sie musste an jede Kleinigkeit denken, wie beispielsweise an einen Stoffhund, der zu Barbies Negligé passte, oder an den rosa Plastikhand-

GEGENÜBER: Der Künstler und Modedesigner BillyBoy* posiert mit einer seiner Puppen. Seine Sammlung umfasste über 11.000 Barbie- und 3.000 Ken-Puppen. Außerdem ist er Autor des 1987 erschienenen Buches *Barbie: Ihr Leben und ihre Welt*. Von 1984 bis 1990 sponserte Mattel zwei von BillyBoy* kuratierte Fashion Tours. Später war er sowohl als Designer als auch als Berater für Mattel tätig und entwarf zwei Barbie-Puppen.

spiegel, der Barbies Logo auf der Rückseite trug. Auf den Schachteln, in die ihre Kreationen verpackt waren, wurde Charlotte als „CJ“ geführt.

Charlotte griff in erster Linie auf ihr Wissen über die Produktion von Kleidung zurück. Sie strebte vor allem nach Unkompliziertheit. Der Badeanzug zum Beispiel wurde nur mit zwei Abnähern und einer Naht geschneidert. Barbies Kleidung war gestanzt, sodass Charlotte sich der Präzision sicher sein konnte. Bradley Justice, ein Experte für Charlotte Johnsons Arbeit, hat jedes einzelne Outfit aus dem Jahr 1959 auseinandergenommen, um nachvollziehen zu können, wie es hergestellt wurde. Er sagt: „Charlottes Schnittmuster und Geschick waren magisch.“

In den 1950er-Jahren erfreuten sich Twinsets großer Beliebtheit. Charlotte tat eine Strickerei auf, die die Pullover und Jacken herstellte. Bereits die erste Bestellung belief sich auf 250.000 Stück. Sie wurde aufgegeben, noch bevor Ruth wusste, ob sich Barbie überhaupt verkaufen würde! Die Twinsets verkauften sich so gut, dass sie nachbestellt werden mussten.

Sämtliche floralen Muster kreierte ein legendärer japanischer Seidenblumenkünstler, Hiroshi Fukushima. Für die winzigen Reißverschlüsse fand Charlotte den Reißverschlusshersteller YKK. Die Miniatur-Reißverschlüsse funktionierten so gut, dass die Fans mehr Outfits damit wollten.

Die ersten 22 Designs waren modern und topaktuell. Sie wiesen noch den Stil der 1950er-Jahre auf, nahmen dabei aber schon die 1960er vorweg. Einige Leute glauben, Barbies erste Kleidung wäre von Jackie Kennedy inspiriert worden, doch die war zu dem Zeitpunkt noch nicht sehr

OBEN: Eine Barbie-Doppelgängerin posiert am 24. August 1999 im kalifornischen El Segundo mit der neuen amerikanischen Barbie-Briefmarke. Als Barbie ihren 40. Geburtstag feierte, gehörte die Briefmarke zu den Gewinnern einer öffentlichen Abstimmung über eine Briefmarkenreihe zu Ehren von Ikonen des 20. Jahrhunderts.

OBEN: Mbili Barbie wurde 2002 als Teil von Mattels innovativer „Treasures of Africa"-Kollektion herausgebracht, die vom New Yorker Designer Byron Lars entworfen wurde. Sie trägt ein geripptes Korsett aus mehrfarbigen Perlen, das ihren kunstvoll gewebten, rückenfreien Pullover betont, einen Rock mit Rüschenbesatz auf der Taille und gerafftem V-Linien-Design, eine üppige Tournüre aus Straußenfedern und azurblaue Stiefel.

OBEN: Der berühmte französische Friseur Louis Alexandre Raimon, besser bekannt als Alexandre de Paris, frisiert Barbie am 25. November 1993 in Paris. **UNTEN**: Bloomingdale's und Mattel präsentieren einzigartige *Hairspray*-Ken- und Barbie-Puppen, mit Ken als Edna Turnblad und Barbie als Tracy Turnblad.

OBEN: Schmuckdesignerin Tarina Tarantino kommt zur „Pink Plastic Party of the Year“, um am 17. Juli 2008 in Los Angeles die Einführung ihrer Barbie-Puppen- und Schmuckkollektion in der Tarina Tarantino Boutique zu feiern.

bekannt. Bradley Justice meint dazu scherzhaft: „Vielleicht hat sogar Jackie Barbie kopiert."

Unter Charlottes Leitung wurde Mattel zum größten Hersteller von Damenbekleidung sowohl in Japan als auch in Kalifornien. Nach zwanzig Jahren an der Spitze des Modedesigns für Mattel wurde Charlotte mit einer vergoldeten Barbie-Puppe geehrt. Sie hatte nicht nur Barbie eingekleidet, sondern auch Barbies Freunde, Familie und besondere Puppen wie die der Miss America. „Wir machen Miniaturmode, keine Puppenkleider", erklärte Charlotte einem Reporter. Bei der Preisverleihung sagte Ruth: „Viele hätten tun können, was Charlotte tat. Aber niemand hätte es besser machen können."

Charlottes Arbeiten wurden nicht nur Sammlerstücke, sie inspirierten auch zahllose andere Modeschöpfende. Abby Glassenberg schrieb für das Magazin *Sew News* eine Kolumne mit dem Titel „The Common Thread". Darin erzählte sie, wie Nähen Teil unseres Lebens wird. „Als Erwachsene, die über das Nähen schreibt und tagtäglich mit nähenden Menschen zu tun hat, ist mir aufgefallen, dass die meisten Leute scheinbar mit dem Nähen angefangen haben, weil sie etwas für Barbie genäht haben. Barbie war wie eine Schaufensterpuppe, eine winzige Frau. Mit einem Papiertuch konnte man ein Kleid drapieren und für Barbie Haute Couture schaffen, denn sie hatte Brüste und Hüften und lange Beine, eben ganz wie ein Model."

Abby fuhr fort: „Barbie spielt als Muse beim Nähen wirklich eine Rolle. Sie ist so handlich, so klein, dass man

OBEN: Schauspielerin Angela Griffin (links) und Angela Rippon (rechts), Vorsitzende des English National Ballet, 2001 beim Posieren mit einer Barbie-Puppe in London, als bekanntgegeben wurde, dass das English National Ballet einen Sponsorenvertrag mit Mattel für die Aufführung von Tschaikowskis *Der Nussknacker* unterzeichnet hatte.

ihr selbst mit wenig Stoff oder sogar aus einem Taschentuch oder einer Krawatte einen Hut oder ein Kleid machen kann. Sie ist wie ein unbeschriebenes Blatt, das man gestalten kann."

Auch große Designer erinnern sich, dass sie mit Barbie angefangen haben. Anna Sui blickt zurück: „Schon ganz früh habe ich Barbie-Puppen mit meinen eigenen Designs eingekleidet." Cynthia Rowley erzählt: „Als kleines Mädchen spielte ich unzählige Stunden mit meinen Barbie-Puppen. Ich habe sogar einzigartige Outfits für die Puppen entworfen und genäht. Man könnte wohl sagen, mit Barbie begann meine Karriere als Designerin." Auch Promi-Designer Jason Wu entdeckte seine Leidenschaft für Mode, als er Kleidung für Barbie-Puppen entwarf. Er besaß über 100 Barbies.

Jeremy Scott schenkte der Welt atemberaubende Designs für viele Popstars wie Britney Spears, Miley Cyrus und Katy Perry. Seine limitierte Moschino-Barbie mit auffälligen Gold-Klunkern war Gegenstand der allerersten Anzeige für Barbie, in der ein Junge vorkam.

Jeremy erzählte dem *New Yorker*, dass er begeistert war. „Das ist keine Modesache – das ist etwas für die Nachrichten ... Ich habe etwas getan, das die Kultur beeinflusst. Was ich an Barbie am meisten liebe, ist, dass sie die ultimative Muse ist. Sie hat jeden Stil und jedes Design getragen und dabei jeden Beruf ausgeübt."

Im Laufe der Zeit hat sich Barbie auch an die politischen und kulturellen Veränderungen angepasst. Die Umbrüche in den 1960er-Jahren sorgten für rasante Veränderungen in ganz Amerika. Bürgerrechts-, Frauenrechts- und Anti-Vietnamkriegsbewegungen erschütterten das Land und brachten junge Menschen dazu, Autoritäten infrage zu stellen. Das Magazin *Rolling Stone* erschien 1969 pünktlich zum Woodstock-Musikfestival, das den Hippie-Lebensstil im amerikanischen Bewusstsein verankerte.

LINKS: Die japanische Ballerina Erena Takahashi, die mit 23 Jahren jüngste Solotänzerin des English National Ballet war, 2001 in London. **RECHTS**: Mattels Nussknacker-Barbie aus dem Jahr 2001.

OBEN: Schauspielerin und Model Corazon Ugalde Yellen Armenta posiert auf den Stufen ihres Hauses in Beverly Hills und trägt dabei ein Outfit, das mit dem ihrer Barbie-Sammlerpuppe identisch ist – ein Outfit namens „Matinée-Fashion" aus dem Jahr 1965. Armenta ließ ihr Outfit speziell für Modenschauen bei Barbie-Conventions anfertigen.

OBEN: Diese Mikimoto-Barbie trägt Schmuck, der 2003 für eine Kollektion entworfen wurde, die am 11. Dezember desselben Jahres in Paris zugunsten des französischen Roten Kreuzes versteigert werden sollte. Die Ohrhänger, die Halskette und das Bauchnabelpiercing sind aus Gelbgold mit Zuchtperlen. Das Armband besteht aus auf einer Schnur aufgereihten Mikimoto-Zuchtperlen. Das Kleid aus rosafarbener Kreppseide designte Nina Ricci.

In den späten 1960er-Jahren bekam Barbie Kleidung, die dem Minirock-Trend aus dem Modehaus der englischen Designerin Mary Quant folgte. 1967 wurde Barbies Zokko!-Outfit, das den Rock mit Go-Go-Stiefeln kombinierte, verkauft. Im silbern glänzenden, ärmellosen Oberteil, türkisblauen Rock mit orangefarbenem Bund und mit orangefarbenen Ohrhängern ließ Barbie die 1950er-Jahre hinter sich.

Dann kamen die 1970er-Jahre. Die ersten Personal Computer, E-Mails, Videospiele und Disketten läuteten eine Ära der Hochtechnologie ein. Nach und nach eroberte das Kabelfernsehen Amerikas Bildschirme.

Man sprach von einer „sexuellen Revolution“, die die Einstellung der Gesellschaft zu Ehe, Scheidung und den Rechten der LGBTQ+-Gemeinschaft veränderte. Eine zweite Welle der Frauenbewegung hatte den Feminismus mit Forderungen nach der weiblichen Gleichberechtigung in den Vordergrund gerückt. Frauen erhielten das Recht, sich für eine Abtreibung zu entscheiden, die Antibabypille war leichter erhältlich und das erste Retortenbaby wurde geboren.

Barbie stürzte sich in diese neue Freiheit und fing mit Outfits wie Flower Wower mit psychedelischen Blumen und leuchtend grünen Schuhen den Geist der 1970er-Jahre ein.

OBEN: Die „Gianmaria Buccellati“-Barbie trägt Mode von Michael Kors, darunter ein graues Kaschmir-Jersey-Kleid mit einer Chinchilla-Stola in Grau und Anthrazit. Barbies Schmuck wurde von Buccellati entworfen. Die Kollektion „Primavera“ besteht aus einer Halskette aus zweierlei Gold mit Gravur, Ohrringen und einem Armband. Jedes Schmuckstück ist besetzt mit Diamanten und Rubinen. Die Barbie-Schmuckkollektion 2003 wurde in Paris zugunsten des französischen Roten Kreuzes versteigert.

OBEN: Ein Model läuft bei der *Barbie by Cigdem Akin*-Show im Zuge der Mercedes-Benz Istanbul Fashion Week am 11. Oktober 2019 über den Laufsteg im Zorlu Performance Art Center.

Da waren Maxi-'n-Midi-Barbie in einem Mantel aus blauem Folienstoff und flauschigem blauem Pelzbesatz über einem gestreiften Kleid und kniehohen Stiefeln oder auch Gypsy Spirit mit rosafarbener Chiffonbluse, blau-goldener Weste und Rock. Zu ihrem 16. Geburtstag bekam Barbie ein T-Shirt-und-Jeans-Outfit als Sonderausgabe.

Doch Barbie hielt auch an ihrem Glamour fest. 1977 erschien Barbie Superstar. In ihrem rosafarbenen, tief ausgeschnittenen Satinkleid mit passender Boa lächelte Barbie strahlend. Dieses Modell sollte viele Jahre lang ein Bestseller bleiben.

In den 1980er-Jahren eroberte Michael Jackson mit *Thriller* die Musikwelt und Madonna gelang mit ihrem Debütalbum eine Sensation. MTV ging auf Sendung und bei McDonald's gab es die ersten McNuggets. Kinder entdeckten Nintendo und *Die Simpsons*. Amerika erkundete mit einem erfolgreichen Space-Shuttle-Start weiter das Weltall.

In Sachen Mode ging Barbie in den 1980er-Jahren in einer Astronautenuniform mit Helm an den Start. Ihren dreißigsten Geburtstag im Jahr 1989 feierte Barbie als pinkfarbenen Event im New Yorker Lincoln Center.

OBEN: Auf der New York Toy Fair präsentierte Mattel am 10. Februar 2002 eine neue Reihe von Barbie-Puppen rund um die Themen Haute Couture, Hollywood und Berühmtheiten – darunter auch dieses „Marilyn Monroe"-Barbie-Geschenkset. **UNTEN**: Die Modebloggerinnen Cailli Beckerman (links) und Sam Beckerman (rechts, im Moschino-Barbie-Pullover) während der Art Basel am 6. Dezember 2014 in Miami Beach.

In den 1980er-Jahren kam es auch zur ersten Partnerschaft mit einem Designer. Die Marke Barbie arbeitete mit Oscar de la Renta zusammen. Das Ergebnis dieser Zusammenarbeit waren vier Outfits: drei Kleider für den roten Teppich und ein Hosenanzug. Und acht Jahre nach der ersten Barbie-Sammlermesse begründete die Holiday-Barbie von 1988 eine Tradition glamouröser Barbie-Sammlerpuppen.

Mit seinem ikonischen Porträt festigte Andy Warhol die Verbindung zwischen Barbie und der Popkultur. Zuvor hatte Warhol bereits Elvis, Marilyn Monroe und Micky Maus gemalt. Seine Muse, der Schmuckdesigner BillyBoy* (geschrieben mit einem Sternchen), inspirierte ihn dazu, Barbie zu malen. Ursprünglich hatte Warhol BillyBoy* malen wollen, der aber weigerte sich und schlug vor, stattdessen seine Obsession zu malen – Barbie. Eine von BillyBoys* Zehntausenden Barbie-Puppen diente Warhol dabei als Modell. Das Gemälde nannte er *Portrait of BillyBoy**.

Später entwarf BillyBoy* zwei Barbie-Puppen für Mattel, die „Le Nouveau Theatre de la Mode“-Puppe und die „Feelin' Groovy Doll“. Und zum ersten Mal schrieb Mattel den Namen des Designers auf die Verpackung. 2014 verkaufte BillyBoy* das Barbie-Gemälde von Warhol für 1.161.780 US-Dollar.

OBEN: Der dominikanisch-amerikanische Modedesigner Oscar de la Renta (Mitte) posiert bei einer Barbie-Modenschau im Jahr 1984 mit Models in Kleidung, die für Mattels Barbie-Puppen entworfen wurde. **UNTEN**: Fernsehmoderatorin Hofit Golan am 4. Dezember 2014 auf der Jeremy Scott & Moschino-Party in Miami Beach, Florida.

OBEN: Eine Kollektion von Barbie-Puppen in limitierter Auflage, gekleidet in atemberaubende Mode, die von zwei der weltweit führenden Designer entworfen wurde. Von links nach rechts: die Barbie-Puppe von Christian Dior aus dem Jahr 1997, eine Gold-Barbie von Bob Mackie, erschienen 1990, und die Christian-Dior-Barbie-Puppe von 1995.

OBEN: Stephen Burrows Pazette-Barbie-Puppe wurde von Linda Kyaw entworfen und 2012 als Teil von Mattels Gold-Label-Serie auf den Markt gebracht. Die atemberaubende Puppe war in ein außergewöhnliches, mit silbernem Glitzer, Strasssteinen und Pailletten verziertes Ensemble gekleidet. Ihr silberfarbener Kopfschmuck ist mit einer Kaskade weißer Federn geschmückt.

Während Barbie auch in den 1990ern gefragt blieb, lernte Amerika Amazon.com, Harry Potter und den frühen webbasierten E-Mail-Dienst „Hotmail" kennen. Britney Spears eroberte die Musikszene, während *Survivor* und *Buffy – Im Bann der Dämonen* die Fernsehzuschauer fesselten.

Weitere großartige Designer entwarfen Mode für Barbie. Zu ihnen gehörten beispielsweise Carol Spencer, Robert Best, Janet Goldblatt, Kitty Black-Perkins, Ann Driskill, Abbe Littleton, Monique Lhuillier, Anna Sui oder auch Cynthia Rowley und jene, die – genau wie Barbie – anhand nur eines einzigen Namens eindeutig erkannt werden: Calvin, Cartier, Gucci, Versace und Vera.

1990 war Bob Mackie der Erste von vielen berühmten Designern, die Sammlerpuppen kreierten. Das figurbetonte, bodenlange Kleid mit überkreuztem Mieder seiner Gold-Barbie war von Hand mit 5.000 goldenen Pailletten

OBEN: Mattel feiert 45 Jahre Barbie-Mode mit einer Laufstegpräsentation der Barbie-Kleidung von Designern wie Versace, Kate Spade und Bob Mackie am Mattel-Stand auf der New York Toy Fair am 15. Februar 2004.

OBEN: Der Künstler Andy Warhol präsentiert am 10. Februar 1986 in New York sein Porträt einer Barbie-Puppe.

OBEN: Models führen bei der Barbie Runway Show während der Mercedes-Benz Fashion Week am 14. Februar 2009 in New York City ikonische Barbie-Outfits vor.

OBEN: Bei der Ausstellung *Barbie, Life of an Icon* wurden im Museum of Decorative Arts im Rahmen der Pariser Fashion Week Womenswear Herbst/Winter 2016/2017 am 9. März 2016 in Paris mehr als 700 Barbie-Puppen ausgestellt.

besetzt worden. In den 2000er-Jahren wurde Hip-Hop in die Rock and Roll Hall of Fame aufgenommen und zwei Frauen traten als Kandidatinnen bei den US-amerikanischen Präsidentschaftswahlen an. Reality-TV und Superheldenfilme erfreuten sich großer Beliebtheit. Die Mode blickte unter anderem mit Velours-Trainingsanzügen und Karottenhosen oft auf die 60er-, 70er- und 80er-Jahre zurück.

Auf Barbie warteten weitere Kooperationen mit Mode-Labels. Christian Louboutin entwarf eine Puppen- und Schuhkollektion. Edler Schmuck mit der Bezeichnung „Barbie Rocks“ kam vom Designteam Layna und Alan Friedman. Coach bereicherte Barbies Welt mit Mini-Ledertaschen. Und als Barbies Füße flexibel wurden, entwarf Sophia Webster eine Schuhlinie.

2009, zu Barbies fünfzigstem Geburtstag, entwarfen 51 Designer Looks für Barbies erste Modenschau, die im Zuge der Mercedes-Benz Fashion Week in New York stattfand: von Donna Karan und Tommy Hilfiger über Diane von Fürstenberg bis Bob Mackie. Zu Beginn der Show öffneten sich pinkfarbene Vorhänge und enthüllten ein Model in Badeanzug und mit blondem Pferdeschwanz – ein Abbild der Barbie Nr. 1. Die Kollektion wurde als „surreal“ beschrieben; auch Ken war in schwarzer Samtjacke und Jeans vertreten. An einer anschließenden Feier während der London Fashion Week nahmen auch die jungen Designerinnen Roksanda Ilincic und Danielle Scutt teil. Schon als Puppe wurde Barbie geliebt, doch dank ihrer außergewöhnlichen Kleidung wird sie zu mehr: zu einer Ikone, die die Fantasie nicht nur über das Spiel oder das Sammeln anregt, sondern indem man quasi zu ihr *wird*.

LINKS: Sängerin Cyndi Lauper posiert mit Barbie und dem Welpen Pooch bei der Enthüllung des „Ultimate Toy Catalog“ bei FAO Schwartz in New York City am 10. Oktober 2001. Der Erlös der Show kam „New Yorkers for Children“ zugute, die von dem Attentat des 11. September betroffene Kinder in New York City unterstützen. **RECHTS**: Mattel und Ford feiern gemeinsam Barbies und Mustangs 40. Geburtstag am 20. April 1999 bei einer Veranstaltung in Südkalifornien.

OBEN: Einige der fünfzig blonden Teilnehmerinnen eines Barbie-Doppelgängerinnen-Wettbewerbs am 17. Januar 1991 vor dem Hotel Russell in London.

UNTEN: Adriana Karembeu, Botschafterin des Französischen Roten Kreuzes, posiert mit der Barbie-Schmuckkollektion 2003 am 18. Dezember desselben Jahres in Paris. Führende Juweliere kamen zusammen, um Barbie-Puppen auszustaffieren, die zugunsten des Roten Kreuzes versteigert werden sollten.

OBEN: Der verstorbene Designer Karl Lagerfeld mit der 2014 nach seinem Vorbild gefertigten Barbie-Puppe.

OBEN: Die 2014 erschienene „Karl Lagerfeld"-Barbie-Puppe ist vom charakteristischen Stil des Designers geprägt. Die Puppe trägt eine maßgeschneiderte schwarze Jacke, ein weißes Herrenhemd mit hohem Kragen und Umschlagmanschetten, eine schwarze Satinkrawatte und enge schwarze Jeans. Zu ihren Accessoires gehören schwarze fingerlose Handschuhe, eine Handtasche mit Reißverschluss und eine Sonnenbrille.

OBEN: Model, Covergirl und Schönheitswettbewerbsgewinnerin Corazon Ugalde Yellen Armenta posiert in maßgeschneiderten Outfits, die Barbie-Kleidung nachempfunden sind.

OBEN: Junge Models feiern am 21. September 2005 mit Designerin Bettina Liano auf dem Laufsteg bei der Modenschau Barbie by Bettina Liano im australischen Melbourne.

Robert Best sinnierte über die Geschichte von Barbies Mode und seine Rolle dabei: „Ich liebe es, meinen Namen auf den Puppen zu sehen, weil ich eine Leidenschaft für sie habe und Teil des großen Erbes sein möchte. Ich bin Teil des Wandels und der neuen Garde. Sammler kennen die Geschichte von Ruth Handler und Charlotte Johnson, und ich bin die Fortsetzung dieser großen Tradition. Es gibt jüngere Designer, die meine Nachfolge antreten werden. Und wir alle lassen die Kunden wissen, dass wir zuhören."

Eine Kundin und Liebhaberin erweckte das Barbie-Design zu wahrem Leben: Corazon Ugalde Yellen Armenta – schlicht „Cora" genannt – wurde auf den Philippinen geboren, wuchs dort auf und besaß selbst keine Barbie. Sie liebte es, mit Modepuppen zu spielen, und nachdem sie in die Vereinigten Staaten zog und ihre Tochter bekam, begann sie, Barbie-Puppen zu kaufen.

„Ich war Model und Schauspielerin", erklärt Cora, „und habe ein Schönheits- und Fitnessbuch geschrieben: *Total Beauty in Life, the Natural Way*. Ich war vernarrt in Barbie, weil sie das ultimative Model war."

2018 wurde Cora „Mrs. Philippines" und kandidierte im selben Jahr für den Titel der „Mrs. Asia". In den 1990ern modelte sie für zahlreiche Designer, darunter Lanvin und Yves Saint Laurent. Sie war auch als Schauspielerin im

OBEN: Während der Mercedes-Benz Fashion Week im Februar 2012 posieren Models vor Barbies traumhaftem Kleiderschrank im Lincoln Center in New York City. Die Fans konnten hier einen von mehreren „Kleiderschränken" betreten und mithilfe von Augmented Reality verschiedene Barbie-Outfits virtuell anprobieren.

OBEN: Barbie-Doppelgängerinnen bereiten sich auf eine Tour durch Großbritannien vor, auf der sie Tausenden von Fans begegnen sollen.
UNTEN: Die zehn „lebensechten" Barbies eröffneten am 19. Oktober 2000 im Woolworth-Geschäft in London das größte Barbie-Event des Landes.

Fernsehen und auf der Bühne zu sehen. Cora wurde als „Living Barbie Doll“ (dt. „lebende Barbie-Puppe“) bezeichnet, nachdem sie im Laufe der Jahre für Modenschauen auf Barbie Conventions mehrere Male Barbie-Mode in lebensechten Größen präsentiert hatte. Wie Cora es ausdrückt: „Ich habe das Gefühl, dass auch ich alles getan habe, unzählige Karrieren durchlaufen und Erfahrungen gemacht habe – ganz wie Barbie.“

Cora gründete den Beverly Hills Barbie Club. Ihre Sammlung umfasst über 1.000 Barbies und andere Puppen. Sie sagt: „Ich finde es wunderbar, dass Barbie alles kann und so viele Karrieren hat. Sie ist eine amerikanische Ikone.“

Lisa McKnight, Executive Vice President und Chief Brand Officer bei Mattel, verantwortet den Barbie-Lifestyle. Sie erklärt: „Als ich klein war, habe ich Barbie geliebt und zusammen mit meiner jüngeren Schwester mit ihr gespielt. Ich war fasziniert davon, das ältere Mädchen zu sein, und habe gespielt, ich wäre eine Babysitterin, weil Babysitter Auto fahren und einen Freund haben können.“ McKnight lacht. „Ich war auch gern Lehrerin oder Sportlerin. Ich habe Fußball gespielt, also war Barbie Malibu eine meiner Lieblingspuppen.“

Um 2008 etablierte Mattel „die Vorstellung, dass ein Mädchen durch Barbie alles sein kann, was sie sein möchte. Wir haben uns wie besessen auf das konzentriert, weshalb Ruth Handler Barbie geschaffen hat. Sie wusste, dass es eine Dream Gap für Mädchen gab, und die gibt es noch immer.“

OBEN: An der Präsentation der Barbie Fashion by Bettina Liano Designerkollektion im Zuge einer Modenschau in Australien vom 21. September 2005 wirkten 25 junge Mädchen mit.

Man analysierte, was Barbie jenseits ihres Puppendaseins anregt und ermöglicht. „Sie ist mehr als nur eine Puppe", erklärt McKnight. „Doch die Puppe war der Anfang von allem. Wir haben die Marke erweitert und ausgebaut. Kultur und Gesellschaft nehmen Barbie bereitwillig auf und Barbie ist auch selbst Teil der Kultur. Wir stellen den Mädchen Shero- und Inspiring-Women-Puppen vor. Denn was man nicht sieht, kann man auch nicht sein."

Wodurch bleibt Barbie kulturell relevant? McKnight ergänzt: „Barbie besitzt diese wunderbare Offenheit. Sie ist wie ein unbeschriebenes Blatt zum Geschichtenerzählen."

Man kann in einem Barbie-Schlafanzug auf Barbie-Bettwäsche aufwachen, sich mit einer Barbie-Zahnbürste die Zähne putzen, Barbie-Turnschuhe anziehen und dann mit der Barbie-Lunchbox in die Schule gehen. Nach der Schule kann man auf Barbie-Inlineskates eine Runde um den Block drehen. Auch für die Körperpflege gibt es zahlreiche Barbie-Produkte. Und wem das noch nicht reicht, kann Barbie auch auf dem Bildschirm sehen: in Fernsehsendungen, Filmen, einem YouTube-Kanal und einer Vielzahl von Apps.

Laut McKnight „besitzen die meisten Spielzeuge einen Lebenszyklus von drei bis fünf Jahren. Barbie ist also in der Spielzeugbranche einzigartig. Barbie überdauert die Zeit. Wir alle haben eine eigene Barbie-Geschichte."

OBEN: Die zehnjährige Olga Bagiotas aus dem australischen Prahan während des Castings für die Barbie Fashion by Bettina Liano Designerkollektion am 7. Juli 2005 mit Barbie in Australien. **NÄCHSTE DOPPELSEITE**: Models in Designerkleidern, die am 9. März 2004 im Zuge der Modenschau anlässlich Barbies 45. Jubiläum zugunsten des Französischen Roten Kreuzes und des Kinder-AIDS-Programms in Afrika versteigert wurden.

LEGALLY blonde 2
RED WHITE & BLONDE

Kapitel 7

BARBIE EROBERT DIE WELT

Seit Jahrzehnten ist Barbie ein globales Phänomen. Auf der ganzen Welt lassen Kinder ihrer Fantasie freien Lauf und denken sich neue Abenteuer für sie aus.

Kurz nachdem die erste Barbie auf den Markt kam, startete Dell Comics mit einer Comicreihe namens *Barbie and Ken*. Die Leser wurden eingeladen, das Duo dabei zu begleiten, wie es Europa bereiste, Tennis spielte, auf der Bühne stand und andere Abenteuer erlebte. Es gab auch das zweimonatlich erscheinende Magazin *Barbie*, das Beiträge zu Themen wie Salatanbau, Babysitten und Basteln von Papierkleidern enthielt. Im Magazin erschien zudem eine Artikelreihe über Mädchen rund um den Globus, mit Titeln wie „If You Were an Irish Girl", „If You Were an Israeli Girl" usw. Durch das Magazin erfuhren die Mädchen, dass Barbies Eltern George und Margaret Roberts hießen.

Es gab einen Barbie-Fanclub, der in Barbies erstem Jahrzehnt auch ohne Unterstützung durch die sozialen Medien exponentiell Mitglieder gewinnen konnte. Doch mit dem Internet kamen Chatrooms und Websites, über die Fans und Sammler ihre Ideen rund um Barbie, deren Freunde, Kleidung, Häuser und Accessoires teilen konnten.

Inzwischen hat Barbie eine eigene Facebook-Seite und Accounts bei Instagram, X, YouTube und TikTok. Sie hat die sozialen Medien erobert.

2016 kam es zu einem spannenden Ereignis: Im Musée des Arts Décoratifs im Palais du Louvre in Paris fand eine Ausstellung statt. Unter drei Bögen, am oberen Ende einer breiten Marmortreppe, kündete eine ganz in rosa gehaltene Wand „Barbie" an. Hinter der Tür wurden 700 Barbie-Puppen ausgestellt. Das innovative Puppenarrangement zeigte Barbies mehr als zwei Dutzend Haarfarben, ihre 14 Hauttöne und ihre neuen Formen und Größen.

Anne Monier, Kuratorin der Spielzeugabteilung des Louvre, sagte dem National Public Radio: „Bei Schönheit

GEGENÜBER: Mattel stellt am 16. Februar 2003 die Kollektion „Natürlich Blond 2" auf der Spielwarenmesse in New York City vor.

geht es auch um Vielfalt. Heutzutage kann man einem Kind nicht mehr eine Puppe geben und behaupten, genau diese Puppe ist schön. Man muss dem Kind verschiedene Modelle von Schönheit anbieten, damit es sich jenes aussuchen kann, mit dem es sich identifizieren möchte."

Das Museum zeigte auch Stücke aus der eigenen Puppen- und Kleidersammlung sowie Werke zeitgenössischer Künstler und eine ganze Reihe von Medienexponaten, die dokumentierten, wie sich die Welt verändert hat.

Vielleicht gibt es keinen besseren Beweis für Barbies enorme Reichweite als die Hingabe ihrer Fans rund um den Globus. Einige Sammler haben weltweiten Ruhm erlangt.

Jian Yang lebt in Singapur. In seiner Wohnung sitzen Tausende von Barbie-Puppen ordentlich aufgereiht in Regalen. Sie umrahmen den Fernseher wie ein Kaleidoskop von Farben und reflektieren seine Begeisterung für Barbie. Jian ist seit gut zwanzig Jahren in der Werbebranche tätig. Mindestens genauso lange faszinieren ihn Barbie-Puppen. Mit Barbie kam Jian erstmals 1984 im Alter von fünf Jahren in Berührung. Er konnte die Namen auf den Geschenken unter dem Weihnachtsbaum nicht lesen, also öffnete er eins, das für seine zweijährige Schwester bestimmt war. Es war eine Great Shape Barbie in einem türkisfarbenen Turnanzug mit passendem Stirnband – und er war begeistert. Also schenkte man ihm eine eigene Barbie. „Ich bekam eine Dream Glow Barbie", erzählt Jian. „Ihr Kleid war mit Sternen besetzt, die im Dunkeln leuchteten. Ich kroch unter das Bett und sah mir an, wie sie funkelte."

Als Teenager kaufte er sich weitere Puppen und Kleider. „Als ich etwas älter wurde, verschwanden die Spielzeuge, aber meine Barbies behielt ich. Ich habe nie wirklich Fantasiespiele gespielt oder mir Geschichten mit Barbie ausgedacht. Für mich war sie einfach eine ikonische Darstellung. Sie war wie eine lebende Zeichnung."

OBEN: Eine Ansicht der über 700 Barbie-Puppen, die im Zuge der Ausstellung *Barbie, Life of an Icon* am 9. März 2016 während der Paris Fashion Week im Musée des Arts Décoratifs ausgestellt waren.

OBEN: Der Sammler und Künstler Jian Yang aus Singapur mit einer kleinen Auswahl aus seiner riesigen Sammlung von über 12.000 Puppen aus fünfzig verschiedenen Ländern.

OBEN: Eine Auswahl von Jian Yangs Outfits, die er auf Reisen unter Verwendung von Toilettenpapier, Servietten oder auch Taschentüchern kreiert.

Jian bezeichnet sich selbst nicht gern als „Sammler", da er die Puppen nicht kauft, um eine bestimmte Serie zu vervollständigen oder um sie wieder zu verkaufen. „Ich habe immer schon eigentlich für mich selbst gesammelt. Ich mochte einfach Spielzeug und eines dieser Spielzeuge war zufällig Barbie. Ich bin sehr visuell veranlagt. Wenn ich eine Puppe sehe, die mir gefällt, entscheide ich einfach, ob ich sie haben will." Und er entdeckte eine kreative Seite an sich: Basteln von Barbie-Kleidung aus Taschentüchern, Toilettenpapier und Servietten. Jians papierne Barbie-Garderobe ist fragil und faszinierend. Es ist schwer vorstellbar, wie er aus so zartem Material so raffinierte Kleider, Hüte und Blumen zaubern kann.

Jian erzählt, wie alles begann: „Meine Firma schickte mich nach Sri Lanka. Ich wohnte in diesem großen Hotel am Rande der Stadt. Ringsum gab es nichts zu tun und ich saß jeden Abend dort fest. Eines Tages kaufte ich mir in der Stadt eine Barbie-Puppe. Als ich im Hotel war, fiel mir ein, dass ich in meinem Kulturbeutel Klebeband und eine Nagelschere hatte und natürlich gab es im Badezimmer Toilettenpapier. Also setzte ich mich ins Badezimmer und bastelte eine Rose. Ich bastelte schon immer gern an Sachen herum, also rollte ich das Toilettenpapier irgendwie zusammen und dachte: ‚Hey, eine Rose.'"

In den kommenden beiden Wochen bastelte er jeden Abend eine Rose. Die beste präsentierte er auf Instagram und erhielt dafür positives Feedback, also machte er weitere. Schon bald kreierte er Kleider und schuf von eleganten trägerlosen Abendkleidern bis hin zu Partykleidern mit Dirndlrock und fantasievollen Hüten alles aus Zellstoff.

Jian fertigt seine Papier-Kreationen nur auf Reisen an. „Das ist eine interessante Art, meine Reisen zu dokumentieren, weil ich immer Papier von dort verwende, wo ich gerade bin." Er verarbeitet nun auch Servietten aus Restaurants, in denen er zu Gast ist.

Jian kauft noch immer Puppen. Wöchentlich treffen seine neuen Barbies ein. Im *Asia Book of Records* wird er als Besitzer der größten asiatischen Sammlung erwähnt. Warum trägt er weiterhin Puppen zusammen? Jian erklärt: „Ich bin schon lange in der Werbebranche.

OBEN: Sammler und Künstler Jian Yang mit einer Vintage-Barbie Nr. 1 mit blondem Pferdeschwanz vor seiner Sammlung in seinem Haus in Singapur.

Und in dieser Branche muss man zu Trends und Popkultur auf dem Laufenden bleiben. Ich betrachte Barbie als Ikone der Popkultur. Durch Misty Copelands Barbie-Puppe habe ich beispielsweise von Copeland als Person erfahren. Barbie erzählt die Geschichte der Welt über das Medium Spielzeug."

Obwohl Jian berufsbedingt viel reist und viel von der Welt gesehen hat, glaubt er, dass er durch Barbie noch mehr erfährt. „Über Barbie sehe ich all die Consumer Touchpoints und erkenne, wie ein Markt aufgebaut wird. Mir gefällt Barbies fiktives Universum, das nicht an die Klischees gebunden ist, die man über Menschen im Nahen Osten, über Amerikaner oder Asiaten haben könnte. Ich werde meine Puppen niemals hergeben. Barbie wird immer diese Ikone sein. Sie bleibt für immer existent, auf jeden Fall als Teil der Geschichte."

Wie viele Geschichten kann Barbie erzählen? Eine australische Barbie-Bewunderin beantwortet diese Frage in ihrem eigenen YouTube-Kanal.

Bereits im Alter von zwölf Jahren besaß Grace Mulgrew mehr als 100 Barbie-Puppen. Sie spielte schon immer gern allein oder mit ihren Cousinen Barbie-Geschichten nach.

OBEN: Ein junges Model läuft am 30. September 2004 im Rahmen der Veranstaltung „Barbie und Team P.I.N.K." der Macys Passport Gala zugunsten von HIV/AIDS Research and Awareness (HIV/AIDS Forschung und Aufklärung) in Santa Monica, Kalifornien, über den Laufsteg.

„Ich dachte, es wäre cool, eines meiner eigenen Videos dort bei den anderen Barbie-Videos zu sehen.“ Eines Tages bat sie ihren Vater, ein Video von ihr zu machen.

In dem kurzen Film trat Grace als ihre blonde Barbie auf und zeigte den Zuschauern, was im Kühlschrank ist, wie der Ofen aufgeht und den Flugzeugsitz, auf dem Barbies Mutter schlief. Grace redete nahezu ununterbrochen. Mit der Stimme eines kleinen Mädchens präsentierte sie die Erwachsenenwelt ihres Hauses.

Ihr Vater Greg stellte das Video auf YouTube und weder er noch Grace sahen es sich noch einmal an. Dann, etwa neun Monate später, rief Graces Cousin an. Er erzählte ihr, dass ihr Video auf YouTube sehr beliebt sei. Grace antwortete: „Nein, da musst du etwas verwechseln.“ Doch als sie selbst auf YouTube nachsah, stellte sie fest, dass ihr Video neun Millionen Views hatte! Grace und Greg konnten es nicht glauben und erstellten ein weiteres Video.

Im zweiten Video tat Grace so, als wäre Barbie Mutter von Zwillingen. Sie waren mit Ken auf einem Kreuzfahrtschiff. In der Geschichte fielen sie alle ins Wasser, schwammen und verirrten sich auf einer kleinen Sandinsel. Dieses Video erreichte sogar noch mehr Views als das erste. Greg

OBEN: Eine Kollektion Barbie-Puppen auf der Ausstellung *Barbie, Life of an Icon,* die am 10. Februar 2016 im MUDEC (Museo delle Culture) im italienischen Mailand eröffnet wurde.

OBEN: Eine gestempelte Briefmarke zur Feier von Classic Toys aus Australien mit dem Bild einer „Red Flare"-Barbie aus dem Jahr 1962, circa 2009.

sagt: „Die Kinder interessierten sich nicht für die Qualität [des Videos]. Sie interessierten sich für die Geschichte. Wir hatten zwar eine Vorstellung, was mit Barbie passieren sollte, aber es gab kein Drehbuch. Es war, als wäre die Kamera gar nicht da." Nach etwa zehn Videos begann Greg, einen Greenscreen zu verwenden, damit Graces Hand und Arm nicht zu sehen waren, wenn Barbie bewegt wurde.

Jahre später hatte der YouTube-Kanal *Grace's World* insgesamt über eine Milliarde Aufrufe und fast drei Millionen Abonnenten. „Wir können an Graces Videos sehen, wie gut Barbie läuft und wie sie die Kinder tagtäglich begeistert", erklärt Greg. Dank Barbie haben Greg und Grace nicht nur eine außergewöhnlich gute Vater-Tochter-Beziehung, sondern auch ein Unternehmen, das auf Graces Kreativität und der Puppe, die sie stets geliebt hat, gründet.

Grace ist nicht die Einzige, die ihre Fans über soziale Medien unterhält. Im kalifornischen Los Angeles teilte eine andere Bewunderin ihre Leidenschaft für Barbie mit der Welt. Azusa Yakamoto wurde in Japan geboren, wo sie als Kind Modepuppen sammelte. Barbies allerdings waren kaum erhältlich. Mit 15 Jahren bekam sie schließlich eine Barbie-Lunchbox. „Ich war so unglücklich, als ich klein war, weil ich keine Barbie hatte. Aber genau deshalb habe ich die Puppe nie als Spielzeug für Kinder betrachtet."

Azusa liebte ihre Lunchbox, die „nach cooler amerikanischer Popkultur" aussah. Bald schon benutzte sie diese Lunchbox als Handtasche. Azusa ging als Austauschschülerin nach Indiana. Sie war begeistert, endlich Barbie-Puppen sammeln zu können. „Ich kaufte alles, was mir gefiel. Meine Gastfamilie hatte Kinder, die 14 und 11 waren und nicht mehr mit ihren Barbie-Puppen spielten. Sie amüsierten sich über mein Interesse. Ich verstand allerdings nicht, warum. Denn ich fand nicht, dass Barbie etwas für Kinder sei."

Azusa kehrte nach Japan zurück, begann dort, Erwachsenenkleidung der Marke Barbie zu verkaufen, und erwarb weitere Barbie-Puppen. Sie arbeitete hart und sparte Geld, um in die USA zu ziehen.

Als Azusa dreißig war, erhielt sie ein Studentenvisum für die USA. Sie fing an, Nail Art zu betreiben. „Anfangs gestaltete ich Barbies Nägel passend zu ihrer Kleidung."

Heute besitzt sie rund 250 Puppen, doch den Großteil

OBEN: Grace Mulgrew mit ihrer Barbie-Sammlung, 2019. **MITTE**: Ein Screenshot aus Folge 179 „The Karate Master" aus *Grace's World*. **UNTEN**: Ein Screenshot aus Folge 183 „The Imaginary Friend" aus *Grace's World*.

ihrer Sammlung machen Barbie-Kleidung und -Handtaschen für Erwachsene aus. „Ich trage die Kleidung tagtäglich. Das ist meine Garderobe. Ich besitze ausschließlich Barbie-Shirts."

Maniküre ist, neben einem YouTube-Kanal namens *Azusa Barbie*, Azusas Hauptgeschäft. Ihre Videos decken von Anleitungen zum Kochen von Pasta, Corn Dogs oder Popcorn – alles in Pink – bis hin zu Azusas Morgenroutine in ihrem Barbie-Apartment alles ab. Sie hat ihre Zimmer in fünf verschiedenen Pinktönen gestrichen und die Wohnung mit Barbie-Artikeln wie Kissen, Teetassen und Postern ausgestattet.

Es gibt auch jede Menge Do-it-yourself-Barbie-Deko wie Lamellenjalousien, einen Schrank und sogar den Kühlschrank. „Ich liebe DIY! Ich kaufe nicht einfach irgendetwas. Ich kreiere gern selbst. Wenn mir etwas einfällt, das ich gern für Barbie hätte, und Mattel es nicht verkauft, dann mache ich es eben selbst. Ich streiche alles – Wände, Schränke, Böden – so, dass es aussieht wie Barbies Haus. Das ist Barbies Botschaft an uns: Wir können alles sein. Alles ist möglich. Das ist Barbies Einstellung, deshalb mache ich es selbst."

Als Jugendliche litt sie an einer seltenen Erkrankung, deretwegen sie sechs Mal operiert werden musste. „Auch deshalb dachte ich, dass ich das tun sollte, was ich tun möchte", erklärt sie. „Ich habe schon früh gelernt, dass sich das Leben schnell ändern kann. Ich möchte Kindern helfen, Kindern die Nägel machen, Barbies spenden. Ich möchte Millionen Kindern helfen, die krank oder arm sind."

Azusas Liebe zu Barbie ist stärker denn je. „Ich glaube, Barbie ist für die Ewigkeit, weil sie nicht nur eine Modepuppe für Kinder ist. Sie ist selbst ein Mode-Accessoire. Sie ist nicht nur ein beliebtes Spielzeug für eine Generation. Sie ist fester Bestandteil der Kultur, und ich liebe sie."

OBEN: Barbies offizieller Instagram-Account @*barbiestyle* hat Millionen Follower. In diesem Post vom 15. März 2018 posiert die nach dem Vorbild der tatkräftigen Mode-Ikone gestaltete „Iris Apfel"-Barbie mit Barbie. Beide präsentieren das neue Buch *Iris Apfel: Stil ist keine Frage des Alters. Accidental Icon.*

OBEN LINKS: Ein Bild von Barbies Instagram-Account *@barbiestyle* zeigt Barbie mit „Ashley Graham"- und „Ibtihaj Muhammad"-Puppen bei den Women of the Year Awards der Zeitschrift *Glamour* am 13. November 2017. **OBEN RECHTS**: Barbie bei Christian Sirianos Show während der New York Fashion Week am 9. September 2017. **UNTEN**: Barbie besucht die Yayoi-Kusama-Ausstellung in der Marciano Art Foundation in Los Angeles am 30. August 2017.

OBEN: Barbie-Bloggerin und -Sammlerin Azusa Sakamoto – auch bekannt als Azusa Barbie – am 12. Dezember 2018 in ihrer Wohnung in West Hollywood, die sie in einen „Barbie-Tempel" verwandelt hat.

OBEN: Azusa Yakamotos lebensechte Barbie-Traumvilla am 29. Dezember 2017. **NÄCHSTE DOPPELSEITE**: Zur Eröffnungsfeier einer Filiale in Miami Beach im April 2010 hat Alchemist – ein Einzelhändler, dessen Mission es ist, Mode, Design und Architektur zusammenzubringen – eine Installation geschaffen, bestehend aus zehn lebensgroßen Barbie-Puppen, die maßgeschneiderte Kleidung und Schmuck von Chrome Hearts trugen und deren Haare von Star-Friseur Oribe Canales gestylt wurden.

Barbie

Kapitel 8

DIE MAGIE VON BARBIE

Barbie hat Fans jeden Alters, jeder Herkunft und jeden Geschlechts. Deren Zuneigung zu Barbie ist ungebrochen. Doch kann sie ewig währen? Die beste Antwort geben jene Kinder und Eltern, Fans und Sammler, die sich fortwährend von Barbie inspirieren, begeistern und bestärken lassen. Dieses Mutter-Tochter-Gespann ist ein wunderbares Beispiel:

Kara Normans zehnjährige Tochter Kennedy versuchte sich mit großer Begeisterung an den Experimenten ihres neuen Chemiebaukastens. Dabei hatte sie eine tolle Idee: Sie stellte eine Unterrichtsstunde mit ihrer Barbie Lehrerin nach. Andere Barbie-Puppen waren die Schülerinnen und schon bald erklärte sie ihrer „Klasse" die Experimente mithilfe der Barbie Lehrerin. Kennedy, ausgestattet mit einer Schutzbrille und vertieft in ihr Spiel, schrieb die pH-Testergebnisse auf ein Whiteboard.

Kara, Vorsitzende der gemeinnützigen Organisation „Empower Her, Inc.", findet es wichtig, Mädchen für MINT (Mathematik, Informtik, Naturwissenschaft und Technik) zu interessieren. Sie war begeistert, als Kennedy einen wissenschaftlichen Baukasten in eine Fantasiewelt einbezog, und das brachte sie auf eine Idee.

Bei Kennedys Geburtstagsparty orientierte sich Karas Motto an Barbies „Ich kann alles sein"-Karrierepuppen. Kennedys Freundinnen und Freunde kamen verkleidet als das, was sie als Erwachsene sein wollten. Kara erklärt: „Dabei haben wir es aber nicht belassen. Ich habe jemanden kommen lassen, der mit den Mädchen und Jungen eine Robotervorführung machte, und am Ende der Party haben sie ihre eigenen Roboter gebaut."

Das Geniale an Barbie war schon immer, dass sie das ist, was ihre Fans aus ihr machen. Ohne die menschliche

GEGENÜBER: Barbara Handler, Tochter von Ruth und Elliot Handler und Namensgeberin der Barbie-Puppe. Bei einer Veranstaltung zu Ehren Barbies am 13. November 2002 hinterließ sie ihren Handabdruck in Zement. Dieser ziert seitdem den Bürgersteig vor dem Egyptian Theatre in Hollywood.

Vorstellungskraft ist Barbie nur eine Puppe. Sie besteht einfach aus Kunststoffteilen, die zur Frau geformt wurden. Doch ihre Schöpferin Ruth Handler wusste um die Macht der kindlichen Fantasie. Sie hatte das tiefe Verlangen der Kinder, zu spielen und sich die Welt auszumalen, wahrgenommen.

Mit ihren zeitlosen Zügen ist auch Barbie selbst zeitlos. Für die eine Vierjährige mag sie eine Anziehpuppe sein, für eine andere hingegen eine Puppe, mit deren Hilfe sie ihre Träume ausleben kann. Für eine Heranwachsende kann Barbie unterschiedliche Rollen in verschiedenen Welten, auch Fantasiewelten, übernehmen. Mit ihrer ständig wechselnden Kleidung und ihrer großen Auswahl an Gesichtsformen, Hauttönen, Körperformen und Frisuren bietet Barbie ihren Fans unendlich viele Möglichkeiten. Barbie hat an Limonadeständen ausgeholfen, ist in den Urlaub gefahren und war in unzähligen Heimvideos und auf Fotos zu sehen. Mädchen haben sich Jobs für sie ausgedacht, die weit über das hinausgehen, was Mattel anregte. Sie hat als Fee, Hexe und in zahllosen anderen Kreaturen, die nur ihre kindlichen Schöpfer kennen, auch magische Gestalt angenommen.

Stanley Colorites Lächeln ist so strahlend wie sein rosafarbenes Jackett und die dazu passenden Schuhe. Mit über 10.000 Puppen ist er der größte Barbie-Sammler der Vereinigten Staaten. All seine Puppen werden sorgfältig in luftdichte Behälter verpackt. Er sammelt auch Traumvillen und Autos. Sein Haus in Florida ist eine fröhliche, farbenfrohe Ausstellung von allem, was mit Barbie zu tun hat. Stanley sagt: „Es ist toll, jeden Tag aufzuwachen und von Schönheit umgeben zu sein."

Sein Interesse wurde von seiner Mutter geweckt, die ebenfalls Sammlerin war. Er begann mit Jem and the Holograms und G.I. Joe, doch 1992 kam es zu einer Tragödie. Seine Mutter starb bei einem Brand, und in Erinnerung an sie führte er ihre Sammlung fort. „Ich ging zur Heilsarmee und kaufte die Happy-Holiday-Barbie von 1992. Das war meine erste."

Die Puppen von Stanleys Mutter hatten keine Kleidung, also kaufte er sich ein Bestimmungsbuch und begann, die passenden Outfits zu suchen. Er verbrachte Stunden in Puppen-Ausstellungen und der Barbie-Abteilung von Toys"R"Us. Seine Mutter besaß Puppen aus den 1970er-Jahren, die sie auf Flohmärkten gekauft hatte, und doch konnte er alle originalen Outfits auftreiben.

Stanleys älteste Puppe ist die Barbie Nr. 3. Seine Sammlung erstreckt sich von 1960 bis heute. Er sagt: „Ich habe auch eine riesige Jem-Sammlung, aber mein Hauptinteresse gilt Barbie. Zudem besitze ich jede Midge, Teresa, PJ, Stacey und Skipper."

Und wie findet Stanley neue Puppen für seine Sammlung?

OBEN: Eine alte Barbie-Puppe von 1959 im „Roman Holiday"-Outfit wird am 26. Juli 2006 auf der Barbie Doll Collectors Convention 2006 in Los Angeles ausgestellt, wo Hunderte von Händlern und Sammlern Barbie-Puppen und Zubehör kaufen, verkaufen und tauschen.

OBEN: Kitturah Westenhouser, Sammlerin und Autorin von *The Story of Barbie*, mit einem Teil ihrer Barbie-Sammlung. **UNTEN**: Kitty Stuart – Besitzerin von Kitty's Collectables, einer der größten Handelsplattformen für Vintage-Barbie-Puppen – posiert 1997 vor ihrer Sammlung mit einer Puppe von David Escobedo, die Kittys Ebenbild nachempfunden ist. Kitty trägt eine handbemalte Jacke mit dem Motiv „Barbie am Strand" des bekannten Designers Tony Alamo.

Er erinnert sich an ein Beispiel aus dem Jahr 2001: „In Michigan, wo ich herkomme, ging FAO Schwarz pleite. Eine Freundin von mir war Geschäftsführerin bei FAO. Sie verkaufte die Schaufensterauslagen der Bob-Mackie-Barbies. Ich bekam sie alle für 50 Dollar das Stück, in Schachteln mit der Aufschrift ‚FAO Schwarz exklusiv'."

Er fährt fort: „Dank Sekundärmärkten wie eBay würde Barbie selbst dann fortbestehen, wenn sie nicht mehr hergestellt würde. Es gibt so viele Barbies auf der Welt – sie wird immer da sein."

Und zu guter Letzt gibt es eine Sammlerin, die alle in den Schatten stellt: Bettina Dorfmann lebt in Düsseldorf. Die Stadt am Rhein ist bekannt für ihre Modebranche und Kunstszene. 25 Jahre lang hat Bettina die größte bekannte Barbie-Sammlung der Welt zusammengetragen. Im Buch *Guinness World Records 2011* wird Bettina erwähnt, weil sie 15.000 Barbie-Puppen ihr Eigen nennt. 2023 besaß sie 18.500 Puppen und hielt damit noch immer den Rekord.

OBEN: Bettina Dorfmann, Besitzerin der weltweit größten Barbie-Sammlung, vor einigen ihrer Puppen. **UNTEN LINKS**: Bettina Dorfmann mit einer Vintage-Barbie Nr. 1 aus dem Jahr 1959. **OBEN RECHTS**: Bettina Dorfmann ist nicht nur Sammlerin, sondern auch „Puppendoktor" und betreibt von zu Hause aus ein Barbie-Krankenhaus, in dem sie kaputte Puppen repariert, die ihr aus aller Welt zugeschickt werden.

Bettinas Interesse begann im Alter von sechs Jahren mit einer Midge. „Mit meinen Freundinnen habe ich täglich mit der Puppe gespielt. Wir konnten für die Puppe nähen und alle möglichen Situationen aus unserem Leben, aus dem Fernsehen oder aus anderen Geschichten nachspielen."

Mit dem Sammeln begann Bettina erst 1993. Sie versuchte, ihre eigenen Puppen an ihre Tochter zu verschenken. Die wünschte sich jedoch modernere. Bettina erkannte, dass ihre Puppen sie an ihre eigene Kindheit, ihre Freundinnen, an Geburtstage und Weihnachten erinnerten. Für sie war klar: *Barbie ist ein Spiegel unseres eigenen Lebens!* Natürlich war die erste Puppe in ihrer Sammlung eine seltene Midge-Puppe von 1963.

Nach einigen Jahren des Sammelns begann Bettina, Barbie-Puppen zu reparieren. Sie gründete ihre eigene Barbie-Klinik, die einzige in Deutschland. Dann begann sie, Barbie-Ausstellungen in Museen zu organisieren. Zu dieser Zeit wuchs ihre Sammlung stark an, weil für die Ausstellungen viele Puppen erforderlich waren. Sie wurde zu einer offiziellen Expertin und erstellt sogar Gutachten für Rechtsfälle oder Versicherungsansprüche.

Bettina erklärte gegenüber der *World Record Academy*: „Wahrscheinlich gibt es nichts, das ich über Barbie nicht weiß. Mein Mann wird jedes Mal verrückt, wenn ich mit einer neuen Puppe nach Hause komme. Wenn ich ihm sage, dass es immer schwieriger wird, die seltenen zu bekommen, lacht er und sagt: ‚Das liegt daran, dass sie alle hier im Haus sind!'"

Und weiter: „Alles an Barbie – ihre Kleidung, Frisuren, Make-up, Sportaktivitäten, Jobs, Designerstücke, ihr Hollywood-Glamour – sind Dinge aus unserem Leben. Und sie ist immer up to date. Das gilt auch für das Zubehör und ihre Jobs – wie ihr Wandel von der Stewardess zur Pilotin."

Am Ende fasst Bettina es so zusammen: „Für alle, die Barbie je geliebt haben, ist sie ein Spiegel unserer Welt. Sie ist für die Ewigkeit."

NÄCHSTE DOPPELSEITE: Die Barbie-Sammlerin Tina Brettnacher präsentiert anlässlich Barbies 60. Geburtstag einige ihrer seltensten und ältesten Puppen während einer Barbie gewidmeten Ausstellung im La Nef des Jouets, die vom 9. März bis 30. Juni 2019 im französischen Soultz stattfand.

Barbie et Ken en tenue de mariés
1963

GENUINE Barbie BY MATTEL

Kapitel 9

BARBIE SCHREIBT GESCHICHTE

Im Jahr 2023 brach der Film *Barbie* mit Margot Robbie und Ryan Gosling alle Rekorde. Der 21. Juli markierte das erfolgreichste Eröffnungswochenende für einen Film, bei dem eine Frau – nämlich Greta Gerwig – Regie führte. Gerwig hält nun auch den Rekord für den umsatzstärksten Film dieser Kategorie.

Ein Rekord jagte den nächsten: umsatzstärkster Auftakt eines Films, der keine Fortsetzung ist, umsatzstärkster Auftakt eines Films, bei dem Spielzeug im Mittelpunkt steht, und – besonders beeindruckend – in weniger als einem Monat wurden für den *Barbie*-Film weltweit Tickets im Wert von über einer Milliarde US-Dollar verkauft.

Der von Gerwig und Noah Baumbach geschriebene *Barbie*-Film bewies der Welt, dass Regisseurinnen und weibliche Hauptdarstellerinnen Kassenschlager produzieren können. Und nicht nur das: Der Film bewies auch, dass Barbie heute beliebter ist als je zuvor.

Der *Barbie*-Film von 2023 war nicht Barbies erster Ausflug in die Filmwelt. Seit 2001 wurden mehr als 40 abendfüllende Zeichentrickfilme veröffentlicht. *Barbie in: Der Nussknacker* war der erste einer langen Reihe neu interpretierter Geschichten und Märchen, die so beliebt wurden, dass sie den Weg für Originaldrehbücher mit Barbie ebneten.

Im Jahr 2017 gab es eigene Barbie-Serien, darunter den weltweiten Erfolg *Barbie Dreamhouse Adventures*. Sie hatte sich gut im Unterhaltungssektor etabliert. Warum also brach ausgerechnet der Realfilm *Barbie* alle Rekorde?

Zahlreiche Menschen haben sich mit dieser Frage

GEGENÜBER: Greta Gerwig, Mattel-CEO Ynon Kreiz und Margot Robbie, 2023.

beschäftigt. Es gibt nicht „die eine" Antwort. Vielmehr scheint es, dass ein origineller Film, das richtige Timing, das Marketing und Barbies Kultstatus dazu beigetragen haben, mehr als nur einen Film zu schaffen, nämlich ein kulturelles Ereignis.

Laut Maria Theresa Hart, die viel über die Marke Barbie geschrieben hat, liegt ein Teil des Charmes des Films in Nostalgie begründet. In einem Interview mit dem *Vox Magazine* sagte sie: „Ich denke, es ist dieser Moment, in dem man erkennt, dass man nicht allein ist. Es gibt so viele Menschen, die sich ihre Spielzeugkisten zurückwünschen und die Spielwelten aus ihrem Kinderzimmer noch einmal erleben möchten."

Im *American Magazine* führten die Autorinnen Brigid McCabe und Laura Oldfeather die Popularität des Films darauf zurück, dass er dem aktuellen gesellschaftlichen Klima Rechnung trägt. „Indem sie einfach alles pointiert – von Barbies Darstellung des unabhängigen weiblichen Erwachsenenlebens bis zu ihren unrealistischen, idealisierten Körperproportionen –, macht Gerwig einen Film, der so vielschichtig und paradox ist wie der Ruf der Puppe selbst."

Selbst *Psychology Today* ließ sich zu einer Analyse hinreißen. „Der Punkt ist, dass Barbies Leben perfekt ist, unser Leben ist jedoch weit von Perfektion entfernt. Wie und warum sollten wir uns also mit Barbies Idealleben identifizieren?" Der Philosoph Dr. Bence Nanay weist darauf hin, dass Barbies Entscheidung, ob sie es sich in Barbie-Land gemütlich machen oder sich in der realen Welt Herausforderungen stellen will, jenen Entscheidungen ähnelt, vor denen auch das Publikum tagtäglich steht.

Auf *MovieWeb* fasst Olly Dyche die Popularität des Films wie folgt zusammen: „Indem Greta Gerwig den Hebel sowohl an der realen Welt als auch an der Geschichte von *Barbie* ansetzt und dabei nahezu jede je gemachte Barbie einbezieht, hat die preisgekrönte Regisseurin eine beeindruckend vielfältige Besetzung und einen ebensolchen Film geschaffen. Da Geschlecht, Rasse, Größe, Sexualität und Kultur thematisiert werden, ist *Barbie* ein Film, der alle anspricht. Für einen so großen und erfolgreichen Film wie *Barbie* ist das eine höchst bewundernswerte Leistung."

Es wird wohl nie Einigkeit darüber herrschen, warum dieser Film genau zu diesem Zeitpunkt die Aufmerksamkeit der ganzen Welt auf sich zog, doch eines ist gewiss: Der Film blieb Ruth Handlers Philosophie treu, dass „Mädchen durch diese Puppe alles sein können, was sie sein wollen". Das fand immensen Anklang beim Publikum – unabhängig vom jeweiligen Hintergrund oder Lebensstil.

Die Schauspielerin Margot Robbie spielt im Film die Rolle einer „stereotypischen Barbie". Mattels Vorsitzender und CEO Ynon Kreiz sprach 2023 mit der *New York Times* über die Wahl der Besetzung: „Unsere Vision für Barbie war jemand mit einer starken Stimme, einer klaren Botschaft und einem kulturellen Echo, das Einfluss auf die Gesellschaft haben würde."

Seit Einführung der Puppe hat Mattel an der Vision festgehalten, dass sich alle Mädchen in Barbie wiedererkennen können sollten. Christie, Barbies erste Schwarze Freundin, kam 1968 in die Läden. 1980 wurden Schwarze und Hispanic Puppen mit dem Namen „Barbie" herausgebracht. Diese Puppen waren nicht länger nur die Freundinnen der Barbie-Puppe, sondern teilten ihren ikonischen Namen. Mattel definierte Inklusion und Diversität als ein Kernziel der gesamten Produktlinie. Aktuell gibt es 175 verschiedene Barbie-Puppen. Auf der Website von Mattel sind 35 Hauttöne, 97 Frisuren und neun verschiedene Körperformen zu finden. Und jedes Jahr kommen mehr dazu. Barbie verkörpert *alle*. Barbie hat das Downsyndrom. Sie sitzt im Rollstuhl. Sie hat eine Beinprothese. Barbie-Puppen übernehmen Jobs und Aufgaben, in denen Frauen unterrepräsentiert sind.

Die Eröffnungsszene des *Barbie*-Films verdeutlicht diesen grundlegenden Wandel, wenn die von Margot Robbie gespielte Kult-Barbie ihre Freunde und Nachbarn mit den Worten „Hallo, Barbie!" grüßt und alle den Gruß erwidern.

Dank dieses Erfolgs ist Mattel heute viel mehr als der in einer Garage gegründete Spielzeughersteller – es ist ein auf geistiges Eigentum ausgerichtetes Spielzeugunternehmen, das IP-Franchises verwaltet: Film, Fernsehen, Verbraucherprodukte, digitale Erlebnisse. Mattel ist heute in jedem Bereich der Unterhaltungsindustrie vertreten und verfügte damit über die Erfahrung und das Know-how, um die Popularität des *Barbie*-Films in ungeahnte Sphären zu heben.

GEGENÜBER: Margot Robbie als Barbie im Original-Badeanzug der Markteinführung 1959.

Für den *Barbie*-Film gab es mehr als 165 Produktpartnerschaften. Durch sie erreicht Barbie Millionen, vielleicht sogar Milliarden von Sammlerinnen und Fans. Seit dem Kinostart im Jahr 2023 wird die ganze Welt rasant pink.

Verschiedene spannende Projekte stehen in den Startlöchern. 2024 wurde in Arizona der Mattel Adventure Park eröffnet. Außerdem kommen neue Barbie-Puppen und TV-Serien auf den Markt. Mit dem *Barbie*-Film als Vorlage hat Mattel 14 weitere Realfilme angekündigt, die in Zusammenarbeit mit großen Studios in der Entwicklung sind, darunter ein Polly-Pocket-Film unter der Regie von Lena Dunham mit Lily Collins als Hauptdarstellerin und Co-Produzentin sowie eine Hot-Wheels-Geschichte von J.J. Abrams' Bad Robot, die von Warner Bros. Pictures vertrieben wird.

Das wahre Erbe von Barbie zeigt sich in ihrer Schöpferin Ruth Handler. Ruth kämpfte gegen den Status quo, besaß ein Gespür für Marketing und war entschlossen, ihre Träume zu verwirklichen. Ihr Wunsch, die Barbie-Puppe auf den Markt zu bringen, wurde immer wieder aufs Neue herausgefordert. Doch Ruth weigerte sich, ihren Traum aufzugeben. Von dem Moment an, als sie ihre Tochter Barbara mit Papierpuppen spielen sah, wusste Ruth, dass sie etwas Besonderes schaffen konnte, etwas, das es noch nicht gab, und vor allem etwas, das fantasievolles Spielen anregen würde. Ruth suchte nach Mitteln und Möglichkeiten und gab nicht auf. Ihre Puppe sollte glamourös sein, kreatives Spielen ermöglichen und zu hochgesteckten persönlichen Zielen inspirieren.

Fernsehwerbung war etwas Neues, doch Ruth wusste, dies war der einzige Weg, der Barbie-Puppe jene Aufmerksamkeit zu verschaffen, die sie verdiente. Die erste Spielwarenmesse war ein Misserfolg. Aber die Kinder sprachen auf die Werbung im Fernsehen an, und alle, die an Ruths Vision gezweifelt hatten, merkten schon bald, dass sie falsch gelegen hatten. Die Barbie-Puppe wurde zu einem Kassenschlager. Und Jahre später wurde auch der *Barbie*-Film zu einem Kassenschlager.

Ruth Handler war Brustkrebsüberlebende, was sie zu ihrem zweiten Herzensprojekt inspirierte. Ruths „Nearly Me"-Produkte für Überlebende von Brustkrebs waren ebenfalls ein großer Erfolg. In den 1990er-Jahren verkaufte sie das Unternehmen an Kimberly-Clark.

OBEN: Mattel ging eine offizielle Partnerschaft mit Spirit Halloween ein, um das Rollschuhkostüm herzustellen, das im Film von Greta Gerwig zu sehen ist und von der „Hot Skatin' Barbie" aus dem Jahr 1994 inspiriert wurde.

OBEN: Offizielle Mattel-Kooperationen (im Uhrzeigersinn von oben links) mit Impala Skates, BÉIS und Wrangler Jeans.

OBEN: Mattel ist sich der Macht der Repräsentation bewusst. Alljährlich kommen neue Puppen auf den Markt, die die nächste Generation widerspiegeln und inspirieren sollen.

Heute wird Ruths Engagement mit dem Ruth Handler Mentorship Program for Women in Toys weitergeführt. Dieses Programm bietet Chancen für eine neue Generation von Führungskräften.

Im *Barbie*-Film wird Ruth Handler von Rhea Pearlman gespielt. Inmitten einer existenziellen Identitätskrise gelangt Barbie zufällig in einen „Traumraum". Sie berührt die Hand ihrer Schöpferin Ruth und bittet sie um Hilfe. Ruth antwortet: „Du brauchst meine Erlaubnis nicht. Ich kann dich genauso wenig kontrollieren wie meine eigene Tochter. Nach ihr habe ich dich benannt: Barbara. Und ich habe stets auf dich gehofft, so wie ich auf sie gehofft habe. Wir Mütter bleiben stehen, damit unsere Töchter zurückblicken und sehen können, wie weit sie gekommen sind."

LINKS: Die Barbie mit Beinprothese hilft Kindern mit einer Behinderung, mit ihren Erfahrungen zurechtzukommen. **RECHTS**: Ruth Handler mit einer ihrer „Nearly Me"-Prothesen.

RUTH HANDLER

Barbie-Erfinderin Ruth Handler bemerkte, dass ihre Tochter nur die Rolle einer Mutter oder Betreuerin spielen konnte, wohingegen ihr Sohn Spielsachen hatte, mit denen er sich vorstellen konnte, Feuerwehrmann, Astronaut, Arzt und vieles mehr zu sein. Das brachte Ruth auf die Idee von einer Puppe, die Mädchen zeigte, dass auch sie Wahlmöglichkeiten hatten – und dass sie alles sein konnten.

ERSTE BERUFE

Anfang der 60er-Jahre kamen die ersten Karrierepuppen auf den Markt: Barbie Mode-Designerin (1960), Barbie Krankenschwester (1961), Barbie Flugbegleiterin (1961) und Barbie leitende Angestellte (1963).

KEN BETRITT DIE BÜHNE

Die Fans wünschten sich einen Freund für Barbie. Also brachte Mattel am 11. März 1961 Ken auf den Markt. Er trug eine rote Badehose und Sandalen und hatte ein gelbes Handtuch bei sich.

DIE ERSTE TRAUMVILLA

Noch bevor Frauen auch nur ein eigenes Bankkonto eröffnen durften, kaufte Barbie 1962 ihre erste Traumvilla. Barbie repräsentierte Frauen auf neue Weise und wurde zu einem Symbol für Unabhängigkeit und Selbstbestimmung. Mädchen konnten sich mit der modernen Mid-Century-Ausstattung, einer Hi-Fi-Stereoanlage und Möbeln vorstellen, Freunde einzuladen oder in einem stilvollen Wohnzimmer zu entspannen.

1959 **1960** **1961** **1962**

WILLKOMMEN, BARBIE!

Am 9. März 1959 feierte Barbie ihr Debüt auf der New York Toy Fair. Die erste Barbie trug einen schwarz-weiß gestreiften Badeanzug und ihren charakteristischen Pferdeschwanz. Die Spielzeugeinkäufer waren skeptisch, denn Barbie war anders als die damals populären Baby- und Kleinkindpuppen. Man bezweifelte, dass sie Erfolg haben würde, doch Barbie eroberte die Welt im Sturm.

DIE ERSTE TV-WERBUNG

Barbie trat in ihrem ersten Werbespot auf, der 1959 während der Sendung *The Mickey Mouse Club* auf ABC ausgestrahlt wurde. Nach Ausstrahlung des Spots gingen Barbie-Puppen wie warme Semmeln über die Ladentheken: Im ersten Jahr wurden 351.000 Stück verkauft.

DER BARBIE-FANCLUB

Als begeisterte Kinder anfingen, Mattel zu kontaktieren, um über ihre Liebe zu Barbie zu sprechen, beschloss das Unternehmen, einen Fanclub zu gründen. Die Mitglieder des Barbie-Fanclubs erhielten einen Brief, eine Mitgliedskarte und ein Abonnement für das *Barbie-Magazin*. Außerdem schickte man den Mädchen Material zu, das ihnen dabei helfen sollte, vor Ort eigene Fanclubs zu gründen.

DAS ERSTE AUTO

1962 machte sich Barbie in ihrem ersten Auto – einem Austin-Healey 3000 MKII BN7 – auf den Weg. In diesem sportlichen pfirsichfarbenen Zweisitzer-Cabrio flitzte Barbie herum und zeigte Mädchen, wie das Leben einer Frau aussehen könnte.

1965 1967 1968 1971 1973 1975

BARBIE ASTRONAUTIN

1965 – vier Jahre, bevor der Mensch auf dem Mond landete – feierte Barbie das spannende Weltraumprogramm und die Erforschung neuer Grenzen. In coolem Raumanzug und mit Helm zeigte sie Mädchen, dass sie nach den Sternen greifen konnten.

DIE ERSTE PROMI-PUPPE

Die erste Promi-Barbie war dem britischen Model Twiggy nachempfunden. Die ursprüngliche Twiggy-Puppe trug das ikonische Twiggy-Make-up und dazu ein Minikleid mit gelben, grünen und blauen Längsstreifen und gelbe Stiefel. Sie war die erste einer langen Reihe von Puppen, die Promis und Berühmtheiten aus der Modewelt nachempfunden waren.

BARBIE STELLT CHRISTIE VOR

Um die Gleichberechtigung zu fördern, erschien als eine der ersten Schwarzen Puppen Christie.

BARBIE MALIBU

1971 erschien die Barbie Malibu mit einem neuen Gesicht und Augen, die erstmals nach vorn gerichtet waren, statt zur Seite zu blicken. Sie war sonnengebräunt, hatte langes, glattes Haar und untermauerte Barbies Ruf als typisches California Girl.

DAS ERSTE WOHNMOBIL

1971 war Barbie bereit, Abenteuer in ihrem ersten Wohnmobil zu erleben. Mädchen konnten sich vorstellen, in einem coolen Wohnmobil mit Picknick-Ausrüstung, Zelt und Schlafsack die freie Natur zu erkunden.

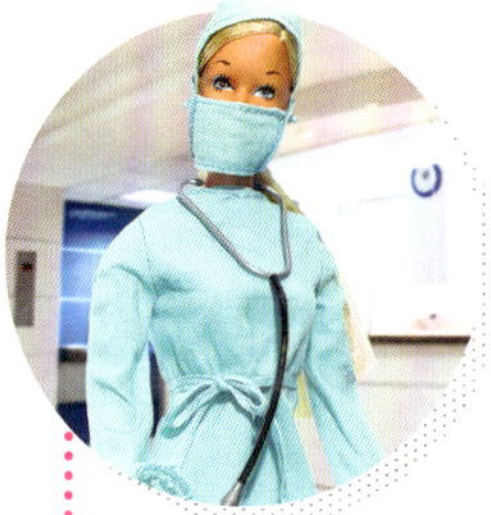

BARBIE WIRD CHIRURGIN

Das erste Mal trug Barbie 1973 einen OP-Kittel – zu einer Zeit, als nur sehr wenige Frauen Chirurgin waren. Mit Mundschutz und Mini-Stethoskop ließ Barbie Chirurgin Mädchen den Traum leben, Patienten zu behandeln und Leben zu retten.

GOLDMEDAILLEN-BARBIE

1975 trat Barbie für ihr Heimatland an. Ganz Patriotin, trug sie einen rot-weiß-blauen Traningsanzug und um den Hals eine Goldmedaille. Zum Barbie-Team gehörten auch eine Eiskunstläuferin, eine Skispringerin und eine Leichtathletin.

WIR ALLE SIND BARBIE

Im Laufe der Jahre waren viele verschiedene Puppen erhältlich, doch sie alle waren stets Freunde und Freundinnen von Barbie. 1980 brachte Mattel die ersten Schwarzen und Hispanic Barbies heraus, die auch „Barbie" hießen.

PUPPEN AUS DER GANZEN WELT

1981 erschien die Barbie-Kollektion „Puppen aus der ganzen Welt". Jede Puppe trug ein Ensemble, das von den traditionellen Bräuchen und Kleidern ihres Herkunftslandes inspiriert war. Die Kollektion feierte unterschiedliche Kulturen und Traditionen.

CEO-BARBIE

1985 wurde Barbie zur CEO. In ihrem rosafarbenen Power Suit konnte Day-to-Night-Barbie direkt von der Vorstandssitzung zu einer Partynacht in der Stadt aufbrechen. Sie feierte die damalige Entwicklung der Arbeitswelt.

DIE KAMPAGNE „WE GIRLS CAN DO ANYTHING"

1985 startete die Werbekampagne „We Girls Can Do Anything". Die Werbespots ermutigten Mädchen dazu, an sich selbst und ihre Träume zu glauben. Teil des Werbespots war ein Lied, in dem Mädchen sangen: „Alles ist möglich, solange ich es nur versuche."

1980 **1981** **1984** **1985**

DIE ERSTE BARBIE-CONVENTION

Im Oktober 1980 fand die erste Barbie Collector Convention mit 100 Teilnehmenden statt, die mittlerweile Tausende Barbie-Fans zusammenbringt. Dieses erste landesweite Treffen markierte den Anfang eines Ereignisses, bei dem Fans aus aller Welt zusammenkommen, um ihre Leidenschaft für Barbie zu feiern.

BARBIE AEROBIC-TRAINERIN

Im türkisfarbenen Trainingsanzug mit Stirnband und Beinwärmern griff diese Barbie den Workout-Trend der 80er-Jahre auf. Die bewegliche Puppe konnte sogar tanzen! Sie war später im Zeichentrickfilm *Toy Story 2* von Pixar aus dem Jahr 1999 zu sehen.

DIE ERSTE MODEPARTNERSCHAFT

Barbie hat mit mehr Modedesignern zusammengearbeitet als jede andere Marke auf der Welt. Zur ersten Modepartnerschaft kam es 1985, als Oscar de la Renta eine Kollektion für Barbie entwarf. Die glamourösen Outfits in Edelstein- und Metalltönen erfreuten junge Fashionistas und entfachten deren Fantasie und Kreativität. Es war der Beginn vieler künftiger Modekooperationen.

BARBIE UND DIE ROCKER

1986 betrat Barbie als Leadsängerin ihrer New-Wave-Rockband „Barbie und die Rocker“ die Bühne. Die Charaktere Dee Dee, Dana, Diva und Derek wurden als ihre Bandmitglieder vorgestellt. Diese umwerfenden Superstars rockten mit bunten Instrumenten und in 80er-Jahre-Kleidung.

BARBIE PILOTIN

1989 war Barbie bereit, abzuheben – zu einer Zeit, als nur sehr wenige Frauen im Pilotensitz saßen. Im rosafarbenen Piloten-Outfit gelangte Barbie in ungeahnte Höhen und zeigte Mädchen, dass alles möglich ist, wenn man sich die Freiheit nimmt, daran zu glauben.

BARBIE KANDIDIERT ALS PRÄSIDENTIN

Seit 1992 hat Barbie in jedem Wahljahr für das Präsidentschaftsamt kandidiert. Die erste Barbie Präsidentin besaß ein Kleid in den Farben der US-Flagge für den Ball zur Amtseinführung und für ihre Aufgaben im Oval Office einen roten Anzug. 2016 trat mit einer Präsidentin und einer Vizepräsidentin ein rein weibliches Team zur Wahl an.

1986 **1989** **1992** **1993**

DAS GEMÄLDE VON ANDY WARHOL

Andy Warhol machte sich einen Namen, indem er Bilder amerikanischer Ikonen schuf. Auch Barbie wurde zu einer, als Warhol sie 1986 malte. Das erste Barbie-Porträt war angeblich von Warhols Muse BillyBoy* inspiriert, einem Schmuckdesigner und Mitglied der New Yorker Downtown-Szene der 1980er-Jahre, der eine riesige Sammlung von Barbie-Puppen besaß.

BARBIE OFFIZIERIN

1989 diente Barbie ihrem Land erstmals als Offizierin. Sie hat jede Truppengattung vertreten und Mädchen Missionen zu Land, zu Wasser und in der Luft nachspielen lassen.

TOTALLY-HAIR-BARBIE

Totally-Hair-Barbie ist die bisher meistverkaufte Barbie-Puppe. Sie feierte die schrille Mode und den Haarwahn der frühen 90er-Jahre und hatte die längsten Haare, die je eine Barbie hatte. Anlässlich ihres 25. Jubiläums wurde die Puppe 2017 erneut auf den Markt gebracht.

BARBIE POLIZISTIN

1993 trug Barbie Blau. Zu einer Zeit, in der nur sehr wenige Frauen Polizistinnen waren, zeigte Barbie Mädchen, dass auch sie diesen Beruf ergreifen können.

1995

WINTERSPORT-BARBIE

1995 ermutigte Barbie Mädchen, verschiedene Wintersportarten auszuprobieren – darunter auch Snowboarden, das damals noch eine mehrheitlich von Männern ausgeübte Sportart war. Mit Wintersport-Barbie konnten sich Mädchen auf die Pisten wagen.

BARBIE FEUERWEHRFRAU

1995 zeigte Barbie ihren Fans, dass sie Alltagsheldinnen sein können. Mit dieser Puppe konnten Mädchen sich ausmalen, wie es ist, Brände zu löschen und Menschen zu retten.

1997

BARBIE PALÄONTOLOGIN

1997 inspirierte Barbie Paläontologin Mädchen dazu, neue Dinge zu entdecken – wie beispielsweise verborgene Fossilien! Im coolen Outfit mit Dinosauriermotiven und entsprechenden Accessoires stand Barbie Paläontologin bereit, ein bisschen Spaß ans Tageslicht zu bringen.

2000

EXTREMSPORT-BARBIE

Im Jahr 2000 inspirierte Extremsport-Barbie Mädchen dazu, sich an Großes zu wagen. Zu ihrer Ausstattung gehörten Skateboard und Rollerblades. Mit ihren biegsamen Gliedmaßen konnte sie tolle Tricks ausführen.

2001

GEBÄRDENSPRACHE-BARBIE

Im Jahr 2001 kam Gebärdensprache-Barbie auf den Markt. Ihre Hand war zum Zeichen der amerikanisch-englischen Gebärdensprache für „Ich liebe dich" geformt, zur Ausstattung der Puppe gehörten Abbildungen gebräuchlicher Wörter in Gebärdensprache und des Alphabets in Fingersprache.

ERSTER FILM

Im Jahr 2001 spielte Barbie in ihrem ersten abendfüllenden Film: *Barbie in: Der Nussknacker*, der auf CBS lief. Der Film erzählt die Geschichte von Klara und ihrem Nussknacker, die sich auf ein Abenteuer begeben, um die Zuckerfee zu finden. Barbie zeigte Mädchen, dass alles möglich ist, wenn man gutherzig, klug und mutig ist.

2002

BARBIE FLIEGERIN

Im Jahr 2002, im coolen Fliegeranzug und mit Helm, war Barbie bereit für jede Mission und jeden Rettungseinsatz. Sie spornte künftige Fliegerinnen an, ihre Träume vom Fliegen zu leben.

2006

BARBIE ZOOLOGIN

Die absolute Tierliebhaberin Barbie übte bereits viele verschiedene Berufe aus, in denen sie sich um Tiere kümmerte. 2006 versetzte Barbie Zoologin Mädchen in die Lage, ihren Traum zu verwirklichen, wilden Tieren zu helfen und sie zu betreuen.

2009

ERSTE FASHION SHOW

Im Jahr 2009 fand im Zuge der Mercedes-Benz Fashion Week in New York die erste Runway-Show von Barbie anlässlich ihres 50. Geburtstags statt. Fünfzig Designer entwarfen Haute-Couture-Looks, die von Barbie und ihrer legendären Geschichte inspiriert waren.

2010

BARBIE PROGRAMMIERERIN

Im Jahr 2010 startete das Barbie-Programm „Career of the Year". Zum ersten Mal in der Geschichte der Marke wurde die Öffentlichkeit dazu eingeladen, über den 126. Barbie-Beruf abzustimmen. Technikerinnen taten sich zusammen und stimmten gemeinsam für die Barbie Programmiererin, um Frauen in Computerberufen mehr Anerkennung zu verschaffen.

BARBIE RENNFAHRERIN

2010 ergriff Barbie mehrere weniger bekannte Berufe, darunter den der Rennfahrerin. Barbie Rennfahrerin ermutigte Mädchen dazu, ihre Träume von hohen Geschwindigkeiten und gewonnenen Rennen in Angriff zu nehmen.

BARBIE MODERATORIN

2010 waren Frauen in Nachrichtenredaktionen noch immer unterrepräsentiert. Barbie berichtete live und zeigte Mädchen, dass sie einen Platz vor der Kamera haben.

DIE ERSTE APP

2010 startete die erste Barbie-App: Barbie Fashionistas Swappin' Styles. Mit der App konnten User Barbie stylen und ihre eigenen Mode-Looks kreieren.

2011

BARBIE ARCHITEKTIN

Im Jahr 2011 war Barbie Architektin bereit, mit ihrem Bauhelm, ihren Bauplänen und ihrem Modell der Traumvilla neue Räume zu entwerfen. Barbie Architektin ließ Mädchen davon träumen, eigene Welten zu erschaffen.

BARBIE DETECTIVE

2014 zog Barbie mit Dienstmarke durch die Straßen von Malibu, um die Geheimnisse der Stadt aufzudecken und Mädchen zum Kampf gegen das Verbrechen zu inspirieren.

2014

@BARBIESTYLE

Im Jahr 2014 wurde Barbie mit dem Instagram-Account *@barbiestyle* zur Social-Media-Influencerin. Der Account wurde eingerichtet, um die Popkultur aus der Sicht dieser Ikone zu feiern, und entwickelte sich rasch zu einem führenden Kanal für Mode-Influencer. Von Mode und Kunst bis hin zu Kultur und Reisen – *@barbiestyle* begeistert Follower, wie nur Barbie es kann.

VLOGGER-BARBIE

Im Jahr 2015 startete Barbie einen Vlog auf YouTube, um mit Mädchen direkt über deren Probleme zu sprechen. In der Zeichentrickserie behandelt Barbie verschiedene Themen wie Depressionen, Mobbing oder auch die Angewohnheit von Mädchen, sich grundlos zu entschuldigen.

BARBIE REGISSEURIN

2015, als Regisseurinnen in der Filmbranche noch unterrepräsentiert waren, eroberte Barbie Hollywood. Barbie Regisseurin beflügelte Mädchen, die aufregende Welt des Filmemachens zu erkunden, und ließ sie ihre Träume ausleben, am Set zu stehen.

2015

BARBIE SHEROES

2015 würdigte Barbie Heldinnen, die Mädchen inspirieren, indem sie Grenzen überschreiten und die Möglichkeiten für Frauen in aller Welt erweitern. Für alle in der Shero-Kollektion geehrten Frauen wurden einzigartige Puppen geschaffen – beispielsweise für Ava DuVernay, Emmy Rossum, Eva Chen, Kristin Chenoweth, Sydney „Mayhem" Keiser oder auch Trisha Yearwood.

BARBIE STELLT NEUE KÖRPERFORMEN VOR

Um die Welt heutiger Mädchen besser zu reflektieren, führte Barbie 2016 drei neue Körperformen ein: kurvig, petit und groß. Mit der Einführung dieser neuen Körperformen schaffte es Barbie auf das Cover des Time-Magazins.

BARBIE UND DIE KOCHKUNST

Im Jahr 2016, als Chefköchinnen noch immer unterrepräsentiert waren, inspirierte Barbie Mädchen dazu, in der Kochkunst aufzugehen. Mit Barbie als Chefköchin oder Konditorin konnten sich junge Foodies vorstellen, Gourmet-Mahlzeiten und edle Desserts zu zaubern.

2016

MARTIAL-ARTS-BARBIE

Im Laufe der Jahre hat Barbie eine breite Palette von Sportarten repräsentiert. 2016 kam Martial-Arts-Barbie dazu. Mit schwarzem Gürtel, Pokal und Holzbrett zum Zerbrechen war Barbie bereit fürs Sparring. Sie regte junge Sportlerinnen an, die aufregende Welt der Kampfkünste zu erkunden.

BARBIE-AUSSTELLUNG IM LOUVRE

2016 veranstaltete das Musée des Arts Décoratifs im Pariser Louvre eine Barbie-Ausstellung. Gezeigt wurden über 700 Puppen und wie sich Barbie seit 1959 gemeinsam mit der Gesellschaft entwickelt hat.

BARBIE BAUARBEITERIN

2017 führte Barbie Bauarbeiterin Mädchen in die Welt des Bauens ein und spornte sie an, große Träume zu verwirklichen. Mit Bauhelm, Werkzeuggürtel und Bausteinen stand Barbie bereit, Welten zu erschaffen, in denen alles möglich ist.

BARBIE DREAMHOUSE ADVENTURES

2018 erschien die Zeichentrickserie *Barbie Dreamhouse Adventures* auf Netflix. Die urkomische und herzerwärmende Serie bietet Fans einen Einblick in Barbies Alltag.

#MOREROLEMODELS

Barbie rückte starke Vorbilder aus Vergangenheit und Gegenwart in den Vordergrund, um noch mehr Mädchen zu inspirieren. Die Kampagne #MoreRoleModels würdigte am Internationalen Frauentag außergewöhnliche Frauen aus aller Welt. Außerdem wurde die Puppenlinie „Inspiring Women" eingeführt, in der Frida Kahlo, Katherine Johnson und Amelia Earhart vertreten waren.

60. JUBILÄUM

Um diesen Meilenstein zu würdigen, veranstaltete die Marke Events in aller Welt, rief das Barbie Dream Gap Projekt ins Leben, stellte Sammlerpuppen vor und vieles mehr.

2017 **2018** **2019**

DIE NEUE CREW

2017 wurde die Barbie Fashionistas-Crew mit noch mehr Hauttönen, Augenfarben, Frisuren und Modestilen vielfältiger als je zuvor. Auch Ken wurde modernisiert. Dabei wurde die Palette um zwei weitere Körperformen ergänzt: breit und schlank. #NextGenKen bot eine Vielzahl neuer Looks, darunter Männerdutt, Cornrows und Sommersprossen.

BARBIE IMKERIN

2018 kam Barbie Imkerin heraus, um der nächsten Generation näherzubringen, wie wichtig Bienen für uns sind und warum wir uns um sie kümmern müssen. Ausgestattet mit ihrem Imkeranzug, stellte Barbie ihren Bienenstock auf und erntete Honig.

DAS DREAM GAP PROJEKT

Mit dem Dream Gap Projekt rief Barbie eine globale Initiative ins Leben, die Mädchen jene Mittel und Unterstützung an die Hand gibt, die sie benötigen, um weiter daran zu glauben, dass sie alles sein können. Die Initiative finanziert unter anderem Forschungsarbeiten, hebt positive Vorbilder hervor und erschafft Inhalte und Produkte, die Mädchen inspirieren.

BARBIE + TYNKER

Im Jahr 2018 ermutigte Barbie Mädchen dazu, durch fantasievolles Spielen und eine Partnerschaft mit der preisgekrönten Computerplattform Tynker die MINT-Fächer zu erkunden. Mit der Barbie-Puppe „Robotik-Ingenieurin" und den „Du kannst alles sein"-Programmierkursen lernten Mädchen das Programmieren und entdeckten gleichzeitig neue Berufe.

2020

DANKE, IHR HELDEN

Um jene Alltagshelden zu ehren, die während der Covid-19-Pandemie im Einsatz waren, entwickelte Mattel eine neue Puppenserie, die medizinisches Fachpersonal, Mitarbeiter im Gastronomiebereich und Feuerwehrleute umfasst. Während einer Woche im Mai spendete Mattel für jedes verkaufte Exemplar eine Puppe an die First Responders Children's Foundation.

BARBIE GEGEN RASSISMUS

In einer Folge der Barbie-Webshow „Barbie Vlogs" sprach Barbie mit ihrer Freundin Nikki über deren Erfahrungen mit Rassismus. Die beiden redeten auch über Privilegien von Weißen, rassistische Vorurteile und was es bedeutet, sich gegen Rassismus zu engagieren.

NEUE DIVERSE SHERO-PUPPEN

Zur Shero-Reihe von 2020 gehört auch die Paralympics-Siegerin Madison de Rozario, die von der Detailgenauigkeit, beispielsweise den genauen Abmessungen des Rennrollstuhls, beeindruckt war.

2021

EINE NEUE BARBIE

In Serien, Büchern und als Puppe führte Mattel die Schwarze Protagonistin Barbie „Brooklyn" Roberts ein. Sie inspiriert Mädchen dazu, sich selbst als Protagonistinnen ihres eigenen Lebens zu sehen.

ALLES GUTE, KEN

Anlässlich des ersten Auftritts von Ken im Jahr 1961 wurde die Puppe zum 60. Jubiläum unter dem geschützten Gold-Label herausgebracht. Designer Bill Greening bewahrte Kens klassischen Strandstil und versah sein Handgelenk mit einem „Genuine Ken"-Etikett.

DIE ZUKUNFT VON PINK IST GRÜN

Im Juni startete Barbie eine Kampagne zur Förderung von Recycling und Meeresschutz. Mattel gab bekannt, bis Ende 2021 95 % recycelte oder FSC-zertifizierte Papier und Holzfasermaterialien für Barbie-Verpackungen verwenden zu wollen. Drei neue Puppen und die Strandhütte wurden aus recyceltem Kunststoff hergestellt.

2022

MEERJUNGFRAUEN-POWER

Im 40. Barbie-Musical-Film spielten Barbie „Malibu“ Roberts, Barbie „Brooklyn“ Roberts, Skipper, Stacie und Chelsea die Hauptrollen. Die Mädchen verwandelten sich in Meerjungfrauen, um ihrer Freundin unter Wasser zu helfen.

2023

BARBIE: DER FILM

Am 21. Juli 2023 kam der erste Barbie-Realfilm in die Kinos. Er brach alle Kassenrekorde und sorgte für Hunderte neuer Lizenzverträge.

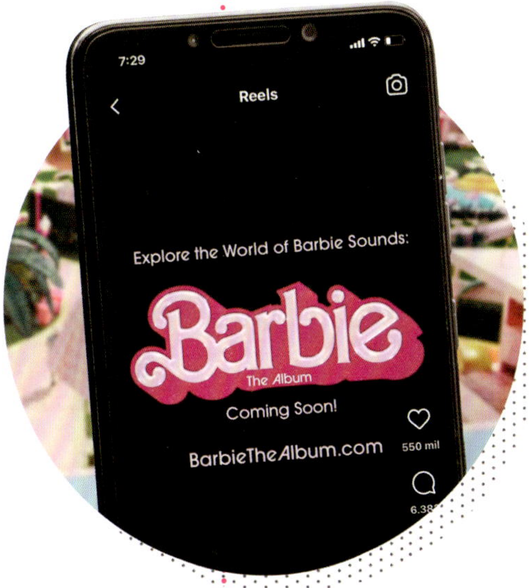

BARBIE: THE ALBUM

Zum Soundtrack des Films gehören Stücke von Billie Eilish, Dua Lipa, Nicki Minaj & Ice Spice und Sam Smith. Das Album war für mehrere Grammys nominiert, unter anderem als „Record of the Year“.

2024

MATTEL ADVENTURE PARK

In der Nähe von Phoenix, Arizona, soll ein neuer Themenpark eröffnet werden. Besucher des Barbie Strandhauses finden sich in Barbies traumhaftem Kleiderschrank wieder und können mithilfe modernster interaktiver Technologie darin spielen.

IN DEN STARTLÖCHERN

Neue Barbies auf den Markt zu bringen, die auch Menschen mit Behinderung repräsentieren, bleibt für Mattel weiterhin ein Schwerpunkt.

GENUINE Barbie®
BY MATTEL®

QUELLEN

Viele der folgenden Bücher und Artikel waren beim Verfassen dieses Buches hilfreich und eignen sich als Nachschlagewerk für alle, die sich für Barbie interessieren.

Abrams, Rachel. „Barbie Adds Curvy and Tall to Body Shapes." *New York Times.* 28. Januar 2016. https://www.nytimes.com/2016/01/29/business/barbie-now-in-more-shapes.html

Abrams, Rachel. „Mattel Aims to Reanimate Sales with Talking Barbie." *New York Times.* 15. Oktober 2015. https://www.nytimes.com/2015/10/16/business/mattel-aims-to-reanimate-sales-with-interactive-barbie.html

Abrams, Rachel. „Mattel Takes a Risk, with Barbie and Bugs." *New York Times.* 28. Dezember 2015. https://www.nytimes.com/2015/12/28/business/mattel-takes-a-risk-with-barbie-and-bugs.html

Alexander, Hilary. „Barbie celebrates 50th birthday with her very own fashion show." *The Telegraph.* 14. Februar 2009.
Augustyniak, J. Michael. *The Barbie Doll Boom: Identification and Values.* Collector Books, 1996.

Augustyniak, J. Michael. *Barbie Doll Around the World 1964–2007*: Identification & Values. Collector Books, 2007.

Augustyniak, J. Michael. *Barbie Doll Photo Album 1959 to 2009.* Collector Books, 2010.

Augustyniak, J. Michael. *Collector's Encyclopedia of Barbie Doll Collector's Editions.* Collector Books, 2007.

Bansal, Avnie. „Barbie Does Diversity: A Cultural Step-Change, or Just a Brand Playing Catch-up with Its Consumers?" *Creative Salon,* 2023, creative.salon/articles/features/this-barbie-is-inclusive.

„Barbie Diversity: Mattel." *Mattel Shop,* 2023, shop.mattel.com/pages/barbie-diversity.

Barbielist Holland. „1959–2014 Fifty-five Years Big Changes of the Barbie Doll (Part I)." BarbielistHolland.wordpress.com (blog). 18. Oktober 2014. https://barbielistholland.wordpress.com/2014/10/18/1959-2014-fityfive-years-big-changes-of-the-barbie-doll-part-i/.

Barrowclough, Anne. „Rolf Hausser: Creator of the Bild Lilli Doll." FondationTanagra.com. n.d.http://www.fondationtanagra.com/en/article/rolf-hausser-the-creator-of-the-bild-lilli-doll/page/lilli-in-america.

BillyBoy*. *Barbie: Her Life and Times.* Three Rivers Press. 1992.

Blitman, Joe. *Barbie and Her Mod, Mod, Mod, Mod, World of Fashion.* Hobby House Press, 1996.

Blitman, Joe. *Francie & Her Mod, Mod, Mod World of Fashion.* Hobby House Press, 1996.

Cain Miller, Claire. „Barbie's New Job, Computer Engineer." *New York Times.* 15. Februar 2010. https://archive.nytimes.com/query.nytimes.com/gst/fullpage-9D03E3DB113BF936A25751C0A9669D8B63.html.

Carberry, James. „Valley of the Dolls." *Wall Street Journal.* 20. Juni 1973.

Carvajal, Doreen. „With Museum Shows in Europe, Barbie Gets Her Moment with the Masters." *New York Times.* 11. März 2016. https://www.nytimes.com/2016/03/11/arts/design/with-museum-shows-in-europe-barbie-gets-her-moment-with-the-masters.html

Clement, Douglas P. „The Female Identity, Discussed in Art." *New York Times.* 3. April 2016. https://www.nytimes.com/2016/04/03/nyregion/the-female-identity-discussed-in-art.html

Clifford, Stephanie. „More Dads Buy the Toys, So Barbie, and Stores, Get Makeovers." *New York Times.* 4. Dezember 2012. https://www.nytimes.com/2012/12/04/business/more-dads-buy-the-toys-so-barbie-and-stores-get-makeovers.html

Creswell, Julie. „Mattel's Revival Plan: Bet on Barbie, the Movie." *New York Times.* 13. Dezember 2018. https://www.nytimes.com/2018/12/13/business/mattel-barbie-movie-ynon-kreiz.html

D'Amato, Jennie. *Barbie: All Dolled Up: Celebrating 50 Years of Barbie.* Running Press, 2009.

Deutsch, Stefanie. Barbie: *The First 30 Years 1959 Through 1989: An Identification and Value Guide.* Collector Books, 1995.

Dockterman, Eliana. „Barbie's Got a New Body." *Time Magazine.* 28. Januar 2016.

Dockterman, Eliana. „Inside the Barbie Movie: How the Massive Movie Came to Be." *Time,* 27. Juni 2023. time.com/6289864/barbie-time-cover-story/.

Dockterman, Eliana. „What to Know about Ruth Handler, the Creator of Barbie." *Time,* 21. Juli 2023. time.com/6293762/barbie-movie-ruth-handler/.

Dyche, Olly. „Why Barbie Is One of the Most Important and Progressive Movies of All Time." *MovieWeb,* 5. Aug. 2023. movieweb.com/why-barbie-is-one-of-the-most-important-and-progressive-movies/.

Eagan, Cindy. *The Story of Barbie and the Woman Who Created Her.* Random House, 2017.

Elliott, Stuart. „Barbie's Sports Illustrated Swimsuit Issue Causes a Stir Online." *New York Times,* 2. Februar 2014. https://www.nytimes.com/2014/02/12/business/media/barbies-sports-illustrated-swimsuit-issue-causes-a-stir-online.html

Elliott, Stuart. „Leaving Behind Malibu in Search of a New Dream Home." *New York Times.* 7. Februar 2013. https://www.nytimes.com/2013/02/07/business/media/barbie-to-sell-her-malibu-dreamhouse.html

Fennick, Janine. *The Collectible Barbie Doll: An Illustrated Guide to Her Dreamy World.* Courage Books, 1996.
Fennick, Janine. *Identifying Barbie Dolls: The New Compact Study Guide and Identifier.* Hachette, 1998.

Friedman, Vanessa. „Ken's New Look(s), Deconstructed." *New York Times.* 21. Juni 2017. https://www.nytimes.com/2017/06/21/fashion/mattel-barbie-ken-dolls.html

Fury, Alexander. „In Paris, the Shoe Designer Who Collects Dolls." *New York Times.* 5. Oktober 2016. https://www.nytimes.com/2016/10/05/t-magazine/fashion/fabrizio-viti-dolls-louis-vuitton-shoes-fashion-week.html

Gerber, Robin. *Barbie and Ruth: The Story of the World's Most Famous Doll and the Woman Who Created Her.* HarperCollins, 2008.

Glassenber, Abby. „Barbie Beginnings." *Sew News.* Februar–März, 2018.

Handler, Ruth. *Dream Doll: The Ruth Handler Story.* Longmeadow Press, 1995.

Hauser, Christine. „New Barbie Is Modeled After American Olympian Who Wears a Hijab." *New York Times.* 14. November 2017. https://www.nytimes.com/2017/11/14/business/barbie-hijab-ibtihaj-muhammad.html

Hazelhurst, Beatrice. „Tally of the Dolls." *New York Times.* 30. Oktober 2018. https://www.nytimes.com/2018/10/30/style/instagram-dolls.html

Holder, Sandi. *Barbie: A Rare Beauty.* Krause Publications, 2010.

Hsu, Tiffany. „Mattel to Compete with Lego with $460 Million Mega Acquisition." *Los Angeles Times,* 28. Feb. 2014. www.latimes.com/business/la-fi-mo-mattel-lego-mega-20140228-story.html.

Itzkoff, Dave. „Barbie Heading to the Silver Screen." *New York Times.* 25. September 2009. https://archive.nytimes.com/query.nytimes.com/gst/fullpage-9C03E7D8153BF936A1575AC0A96F9C8B63.html.

James Shilkitus, Hillary. *The Complete & Unauthorized Guide to Vintage Barbie® Dolls: With Barbie®, Ken®, Francie®, Skipper® Fashions and the Whole Family.* Dritte Ausgabe. Schiffer, 2016.

James Shilkitus, Hillary. *It's All About the Accessories for the World's Most Fashionable Dolls,* 1959–1972. Dritte Ausgabe. Schiffer, 2016.

Kennedy, Randy. „Barbie, the Klimt Edition." *New York Times.* 29. Juni 2011. https://artsbeat.blogs.nytimes.com/2011/06/29/barbie-as-a-gustav-klimt-model.

Korbeck, Sharon. *The Best of Barbie: Four Decades of America's Favorite Doll.* Krause Publications, 2001.

Krier, Beth Ann. „Sweet 16: You've Come a Long Way, Barbie." *Los Angeles Times.* 8. September 1974.

Kushner, India. „The 'Barbie' Quote Rhea Perlman Delivers in the Movie Made Me Reexamine My Relationship with My Mom." *Yahoo! News,* Yahoo!, 9. Aug. 2023, news.yahoo.com/barbie-mother-quote-rhea-perlman-161804875.

html#:~:text=Barbie%20meets%20her%20 creator%2C%20Ruth,named%20you%20after%20 her%3A%20Barbara.

Lambert, Molly. „Trixie Mattel Says Drag Queens Are Like Swiss Army Knives." *New York Times*. 29. August 2018. https://www.nytimes.com/2018/08/29/magazine/trixie-mattel-says-drag-queens-are-like-swiss-army-knives.html

Lord, M.G. *Forever Barbie: The Unauthorized Biography of a Real Doll*. Walker Books, 2004.

Lyons, Margaret. „How Much Watching Time Do You Have This Weekend?" *New York Times*. 26. April 2018. https://www.nytimes.com/2018/04/26/watching/what-to-watch-this-weekend-tv.html

MacArthur, Greg. „14 Upcoming Movies Based on Mattel Toys Releasing after Barbie." *ScreenRant*, 6. Juli 2023. screenrant.com/upcoming-movies-based-on-mattel-toys/#uno.

Mallenbaum, Carly. „Barbie in 2018 and beyond: How the doll is getting more inclusive."*USA Today*. 25. April 2018

Martin, Judith. „Interview with a Superstar." *The Washington Post*. 7. April 1974

Masters, Kim. „Pretty, Plastic Barbie: Forever What We Make her." National Public Radio (NPR). 9. März 2008. https://www.npr.org/templates/story/story.php?storyId=87997519.

Mattel Inc. „Mattel Bolsters Digital and Smart Technology Capabilities with Pair of Strategic Acquisitions." *PR Newswire: Press Release Distribution, Targeting, Monitoring and Marketing*, 29. Juni 2018. www.prnewswire.com/news-releases/mattel-bolsters-digital-and-smart-technology-capabilities-with-pair-of-strategic-acquisitions-300212408.html.

„Mattel." *Wikipedia*, Wikimedia Foundation, 7. Nov. 2023. en.wikipedia.org/wiki/Mattel#:~:text=The%20company%20 purchased%20Fisher%2DPrice,prized%20 property%2C%20Polly%20Pocket).

Melillo, Marcie. *The Ultimate Barbie Doll Book*. Krause Publications, 1996.

„Mentorship: Wit." *WiT Connects*, 2023. www.womenintoys.com/mentorship.

Montagne, Renee. „Bon Jour, Barbie! An American Icon Packs her Heels and Heads to France." National Public Radio (NPR). 25. August 2016. https://www.npr.org/templates/transcript/transcript.php?storyId=490948248.

Moore, Hannah. „Why Warhol painted Barbie." British Broadcasting Corporation (BBC). 1. Oktober 2015. https://www.bbc.com/news/magazine-34407991.

Moynihan, Colin. „Frida Kahlo Is a Barbie Doll Now. (Signature Unibrow Not Included.)" *New York Times*. 9. März 2018. https://www.nytimes.com/2018/03/09/arts/design/frida-kahlo-barbie-mattel.html
Nanay, Bence. „Why Is the Barbie Movie so Popular?" *Psychology Today*, Sussex Publishers, 2. Aug. 2023. www.psychologytoday.com/us/blog/psychology-tomorrow/202308/why-is-the-barbie-movie-so-popular.

Nugent, Annabel. „Hot Wheels and Barney: Mattel Plans for Cinematic Universe 'Big as Marvel and DC.'" *The Independent*, Independent Digital News and Media, 31. Juli 2023. www.independent.co.uk/arts-entertainment/films/news/mattel-barbie-films-polly-pocket-barney-b2384710.html.

Olds, Patrick C. *The Barbie Doll Years: A Comprehensive Listing & Value Guide of Dolls & Accessories*. Collector Books, 2006.

Olson, Elizabeth. „The Ken Doll Turns 50, and Wins a New Face." *New York Times*. 22. März 2011. https://www.nytimes.com/2011/03/22/business/media/22adco.html

Padnani, Amisha. „Sometimes It Is All Just Fun and Games." *New York Times*. 11. Mai 2017. https://www.nytimes.com/2017/05/11/business/stan-weston-gi-joe-barbie-frisbee-monopoly.html

Rana, Margo. *Collectibly Yours Barbie Doll 1980-1990: Identification & Price Guide*. Hobby House Press Inc., 1998.

Roberts, Ben und Ian Hart. „Barbie Licensing: Brand Collaborations to Celebrate an Icon." *License Global*, 19. Juli 2023. www.licenseglobal.com/movies/mattel-announces-licensing-partnerships-ahead-of-barbie-film-.

Rogers, Mary F. *Barbie Culture*. SAGE Publications, 2000.

Rubin, Rebecca. „'Barbie' Surpasses 'The Dark Knight' as Warner Bros.' Highest-Grossing Domestic Release in History." *Variety*, 17. Aug. 2023. variety.com/2023/film/box-office/barbie-warner-bros-biggest-movie-us-beats-dark-knight-1235697702/.

Ruby Lane. „How to Identify a Number One Barbie at the UFDC Doll Museum in Kansas City, Missouri." YouTube. 2. April 2017. https://www.youtube.com/watch?v=RkrK4lNo2pI.
Ruby Lane. „The History of the First Designer of the Barbie Doll: Charlotte Johnson." YouTube. 14. April 2017. https://www.youtube.com/watch?v=WmfWe6jVX9I.

Sarasohn-Kahn, Jane. *Contemporary Barbie Dolls: 1980 And Beyond*. Antique Trader Books, 1997.

Schmid, Cornelius. „6 Holiday Toy Crazes and Why They Captivated Kids (and Parents)." *New York Times*. 21. Dezember 2017. https://www.nytimes.com/2017/12/21/us/christmas-toys.html?

Selin Davis, Lisa. „Like Tomboys and Hate Girlie Girls? That's Sexist." *New York Times*. 19. Dezember 2018. https://www.nytimes.com/2018/12/19/opinion/tomboys-girlie-girls-sexism.html

Shilkitus James, Hillary. *The Complete and Unauthorized Guide to Vintage Barbie Dolls: With Barbie & Skipper Fashions and the Whole Family of Barbie Dolls*. Zweite Ausgabe. Schiffer Publishing, 2011.
Singer, Natasha. „A Wi-Fi Barbie Doll with the Soul of Siri." *New York Times*. 29. März 2015. https://www.nytimes.com/2015/03/29/technology/a-wi-fi-barbie-doll-with-the-soul-of-siri.html

Singleton, Bridget. *The Art of Barbie*. Vision on, März 2000.

Sink Eames, Sarah. *Barbie Fashion: The Complete History of the Wardrobes of Barbie Doll, Her Friends, and Her Family, Vol. 1: 1959–1967*. Collector Books, 1990.

Spigel, Lynn. *Welcome to the Dreamhouse: Popular Media and Postwar Suburbs*. Duke University Press, 2001.

Stewart, James B. „Mattel's Windfall From 'Barbie'." *New York Times*, 12. Sept. 2023. https://www.nytimes.com/2023/09/07/business/barbie-movie-mattel-windfall.html.

St. John Dewein, Sibyl. *The Collector's Encyclopedia of Barbie Dolls and Collectibles*. Collector Books, 1984.

Stone, Tanya Lee. *The Good, the Bad, and the Barbie: A Doll's History and Her Impact on Us*. Viking, 2010.

Supreme, Jpegger. „Stanley Colorite AKA Barbie Man's World Largest Barbie Collection." Jpegy. 2014. http://jpegy.com/geeky/stanley-colorite-aka-barbie-mans-world-largest-barbie-collection-18165.

Thompson, David. „Barbie Movie Box Office: Every Record Broken." *The Direct*, 24. Aug. 2023. thedirect.com/article/barbie-movie-box-office-record.

Tosa, Marco. *Barbie: Four Decades of Fashion, Fantasy, and Fun*. Harry N. Abrams Inc., 1998.

Verbeten, Sharon. *Warman's Barbie Doll Field Guide: Values and Identification*. Krause Publications, 2009.

Vlahos, James. „Barbie Wants to Get to Know Your Child." *New York Times*. 20. September 2015. https://www.nytimes.com/2015/09/20/magazine/barbie-wants-to-get-to-know-your-child.html

Vora, Shivani. „Tour and Hotel News: Barbie in Montreal; Cooking in Chile." *New York Times*. 9. März 2016. https://www.nytimes.com/2016/03/09/travel/tour-and-hotel-news-barbie-in-montreal-cooking-in-chile.html

Witte, Rae. „How Barbie Creator Ruth Handler Changed the Breast Cancer Industry." *Women's Health*, 2. Okt. 2023. www.womenshealthmag.com/health/a44568792/ruth-handler-barbie-creator-breast-cancer-awareness/.

Westenhouser, Kitturah B. *The Story of Barbie*. Collector Books, 1994.

Wichter, Zach. „10 Hot Toys That Changed the Way People Play." *New York Times*. 9. Dezember 2017. https://www.nytimes.com/2017/12/09/business/10-hot-toys-play.html
Zeldis McDonough, Yona. *The Barbie Chronicles: A Living Doll Turns Forty*. Touchstone, 1999.

OBEN: Mattels Barbie Präsidentin von 2000 wurde exklusiv in den Filialen von Toys"R"Us verkauft – im Rahmen einer landesweiten Bewegung, deren Ziel es war, junge Menschen über ihr Wahlrecht aufzuklären, sie dafür zu begeistern und die Bedeutung von Frauen in der Politik hervorzuheben. Die Barbie Präsidentin von 2000 trägt einen blauen Rock mit passender Jacke und hat außerdem ein weiteres rotes Kleid, in dem sie hier abgebildet ist.

ABBILDUNGEN

Seite 2: © Mattel
Seite 5: © Mattel
Seite 6: © Mattel
Seite 8: © Mattel
Seite 10–11: © Mattel
Seite 12: © Mattel
Seite 13: © Mattel
Seite 14: © Mattel
Seite 15: © Mattel
Seite 16: © Mattel
Seite 17: © Mattel
Seite 18: © Found Image Holdings/Getty Images
Seite 20: © Mattel
Seite 21: © Mattel
Seite 22: © Mattel
Seite 23: © SSPL/Getty Images
Seite 24: © Mattel
Seite 25: © Süddeutsche Zeitung Photo/ Alamy Stock Photo
Seite 27: © Mattel
Seite 28: © Mattel
Seite 29: © Mattel
Seite 30–31: © Tony Korody/Getty Images
Seite 31: © Mattel
Seite 32: © Don Bartletti/Getty Images
Seite 34: (Oben) © CBS Photo Archive/Getty Images; (Unten) © Larry Ellis/Stringer via Getty Images
Seite 35: © Mattel
Seite 36: © Mattel
Seite 37: © Mattel
Seite 38: © Mattel
Seite 39: © Mattel
Seite 40: © Mattel
Seite 41: © Mattel
Seite 42: © Mit freundlicher Genehmigung von Bradley Justice
Seite 43: © Mattel
Seite 44: © Mit freundlicher Genehmigung von Bradley Justice
Seite 45: © Mit freundlicher Genehmigung von Bradley Justice
Seite 46: © Mattel
Seite 47: (Oben) © Keystone-France/Getty Images; (Unten) © Mattel
Seite 48: © Mattel
Seite 49: © Mattel
Seite 50: © Mit freundlicher Genehmigung von Bradley Justice
Seite 51: © Mit freundlicher Genehmigung von Bradley Justice
Seite 52–53: © ullstein bild Dtl./Getty Images
Seite 54: © Keystone-France/Getty Images
Seite 56: © Mattel
Seite 57: © Mattel
Seite 58: © Mattel
Seite 59: © Mattel
Seite 60–61: © Mattel
Seite 62: © Mattel
Seite 63: © Mattel
Seite 64: © Mattel
Seite 65: © David M. Benett/Getty Images
Seite 66: © Mattel
Seite 67: © Mattel
Seite 68–69: © Mattel
Seite 69: © Mattel
Seite 70: © Mattel
Seite 72: © Mattel
Seite 73: © Mattel
Seite 74: © Mattel
Seite 75: © Mattel
Seite 76: © Mattel
Seite 77: © Mattel
Seite 78: © Mattel
Seite 79: © Mattel
Seite 80: © Mattel
Seite 81: © Mattel
Seite 82: © Mattel
Seite 84–85: © Mattel
Seite 86: © Mattel
Seite 88: © Mattel
Seite 89: © Mattel
Seite 90: © Mattel
Seite 91: © Peter Bischoff/Stringer via Getty Images
Seite 92: © Mattel
Seite 93: © Mattel
Seite 94–95: © Mattel
Seite 96: © Pierre Vauthey/Getty Images
Seite 98: © Luci Nicholson/Stringer via Getty Images
Seite 99: © Mattel
Seite 100: (Oben) © Daniel Simon/Getty Images; (Unten) © Bruce Glikas/Getty Images
Seite 101: © Michael Tran/Getty Images
Seite 102: © Johnny Green-PA Images via Getty Images
Seite 103: (Links) ©PA Images/Alamy Stock Photo; (Rechts) © Mattel
Seite 104: © Cassy Cohen/Getty Images
Seite 105: © Gilles Bassignac/Getty Images
Seite 106: © Gilles Bassignac/Getty Images
Seite 107: © Stuart C. Wilson/Getty Images
Seite 108: (Oben) © Lawrence Lucier/Stringer via Getty Images; (Unten) © Timur Emek/Getty Images
Seite 109: (Oben) © Time & Life Pictures/Getty Images; (Unten) © Venturelli/Getty Images
Seite 110: © Mattel
Seite 111: © Mattel
Seite 112: © Stephen Chernin/Getty Images
Seite 113: © DMI/Getty Images
Seite 114: © Frazer Harrison/Getty Images
Seite 115: © Thierry Chesnot/Getty Images
Seite 116: (Links) © Scott Gries/Getty Images; (Rechts) © Getty Images
Seite 117: (Oben) © Mirrorpix/Getty Images; (Unten) © Pascal Le Segretain/Getty Images
Seite 118: © Mattel
Seite 119: © Mattel
Seite 120: Photos by Robert Ryan/Mit freundlicher Genehmigung von Corazon Ugalde Yellen Armenta
Seite 121: © Matthew Fearn-PA Images via Getty Images
Seite 122: © Robin Marchant/Getty Images
Seite 123: © Michael Crabtree-PA Images via Getty Images
Seite 124: © The AGE/Getty Images
Seite 125: © The AGE/Getty Images
Seite 126–127: © Jean Baptiste Lacroix/Getty Images
Seite 128: © Lawrence Lucier/Stringer via Getty Images
Seite 130: © Chesnot/Getty Images
Seite 131: Mit freundlicher Genehmigung von Jian Yang
Seite 132: Mit freundlicher Genehmigung von Jian Yang
Seite 133: Mit freundlicher Genehmigung von Jian Yang
Seite 134: © Kevin Winter/Getty Images
Seite 135: © Paolo Bona/Shutterstock
Seite 136: © chrisdorney/Shutterstock
Seite 137: © Mit freundlicher Genehmigung von Grace Mulgrew von Grace's World
Seite 138: © Mattel
Seite 139: © Mattel
Seite 140: © Barcroft Media/Getty Images
Seite 141: © Barcroft Media/Getty Images
Seite 142–143: © Alexander Tamargo/Getty Images
Seite 144: © Robert Mora Getty Images
Seite 146: © Hector Mata/Getty Images
Seite 147: (Oben) © Mit freundlicher Genehmigung von Kitturah Westenhouser; (Unten) © Don Bartletti/Getty Images
Seite 148: © picture alliance/Getty Images
Seite 149: © picture alliance/Getty Images
Seite 150–151: © Chesnot/Getty Images
Seite 152: © Mattel
Seite 154: © Warner Brothers
Seite 156: © Spirit Halloween
Seite 157: © Mattel
Seite 158: © Mattel
Seite 159: © Mattel
Seite 160–168: © Mattel
Seite 169: (Oben links) © Warner Brothers; (Mitte unten) © JOCA_PH/Shutterstock.com; (oben rechts, unten links, unten rechts) © Mattel
Seite 170: © Mattel
Seite 171: © Mattel
Seite 174 © Yvonne Hemsey/Getty Images
Seite 176: Mit freundlicher Genehmigung von Robin Gerber

DANKSAGUNG

Vielen Dank an meine kluge, geduldige und engagierte Lektorin Bonnie Honeycutt. Sie hat dieses Buch mit Geschick und guter Laune betreut.

Es war eine wahre Freude, die herausragenden Mitwirkenden an der Marke Barbie zu interviewen. Sie beantworteten all meine Fragen, erklärten mir die Feinheiten und die Entwicklung der Marke und ließen mich an ihren persönlichen Geschichten teilhaben. Ganz besonderer Dank gilt: Lisa McKnight, Kim Culmone, Michelle Chidoni, Robert Best, Matt Repicky und Liz Maglione. Auch Markenhistoriker Bill Greening und Archivarin Eliana Ruiz bereicherten dieses Buch und leisten weiterhin wichtige Arbeit durch das Archivieren von Barbies Geschichte. Ihre Unterstützung war von unschätzbarem Wert.

Besonderer Dank gilt auch Kitturah Westenhouser, die uns ihre Tonbandaufnahmen von Ruth Handler aus den frühen 1990er-Jahren zur Verfügung stellte und deren Buch *The Story of Barbie* (1994 und 1999 erschienen) nach wie vor eine Fundgrube an Informationen und historischen Fotografien ist.

Danke auch an Bradley Justice, der bei der Aufdeckung der Geschichte von Charlotte Johnson großartige Arbeit leistete und mir bei vielen Fragen half, die ich dazu hatte. Alle Interviewpartner teilten ihre Begeisterung für alles, was mit Barbie zu tun hat, mit Leidenschaft und Klarheit. Vielen Dank euch allen!

Und schließlich gab mir mein Mann, Tony Records, die Art von Unterstützung, Humor und Liebe, die ich bereits seit über dreißig Jahren genießen darf. Wenn ich Glück habe, werden wir noch weitere dreißig Jahre miteinander verbringen dürfen – wie Ruth und Elliot Handler!

ÜBER DIE AUTORIN

Robin Gerber ist Bestsellerautorin und Historikerin. Sie verfasste das Buch *Leadership the Eleanor Roosevelt Way: Timeless Strategies from the First Lady of Courage*. Ihr jüngstes Werk ist die erste Biografie der Gründerin von Mattel, Ruth Handler, und trägt den Titel *Barbie and Ruth: The Story of the World's Most Famous Doll and the Woman Who Created Her*. Ihre Artikel erschienen in *USA Today*, der *Washington Post*, in *The Philadelphia inquirer* sowie in zahlreichen anderen Zeitungen und Zeitschriften. Ehe sie sich dem Schreiben zuwandte, praktizierte Robin als Anwältin in Washington, D.C. und arbeitete auf dem Capitol Hill. Seit 1975 forscht und schreibt sie über Führungsentwicklung.